Christoph Rhyner

FREI GÄRTNERN

Haupt
NATUR

FREI GÄRTNERN

EINFACH WACHSEN LASSEN UND DER NATUR RAUM GEBEN

Haupt Verlag

Christoph Rhyner

INHALT

MACH NICHT ZU VIEL

von *Mona Vetsch*

Die Steinmauer unter dem Quittenbaum ist mein Lieblingsplatz. Von den ersten freundlichen Tagen des Frühjahrs bis zu den spinnennetz-verhängten, kühlen Herbsttagen sitze ich hier und tue, was ich inmeinem Garten häufig tue: nicht viel. Mein Garten war ein komplett überwuchertes Stück Land, als ich ihn übernommen habe. Heute, 10 Jahre später, ist er noch immer ein überwuchertes Stück Land und komplett schön. Die Wahrheit ist: bei einer Vorher/Nachher-Gegenüberstellungen würden sich die Betrachtenden unweigerlich fragen, ob ich in den letzten zehn Jahren überhaupt irgend etwas zustande gebracht habe. Gut, der Quittenbaum ist gewachsen, das Hühnergehege ist neu und das Gartenhaus wurde gestrichen. Aber sonst?

Ich steckte voller Pläne, als ich den Schrebergarten damals übernehmen konnte. Hatte unzählige Bücher gelesen, besorgte mir am Kiosk jedes einzelne Gartenheft und holte mir sogar ein Planungstool auf den Laptop, wo ich meine künftigen Beete maßstabsgetreu anlegen und «bepflanzen» konnte. Natürlich mit Fruchtfolge und dem ganzen Pipapo. Sogar die Blütenfarbe der Stauden konnte das Programm simulieren, soweit ich mich erinnere.

«Mach nicht zu viel» sagte mein Gartennachbar Miguel in den ersten Tagen zu mir, als er mich mit Messband und Spaten herumfuhrwerken sah. «Ein kleines Beet für den Anfang, und aus dem anderen erstmal Wiese». Warum ich seinen Rat befolgte, ist mir noch heute ein Rätsel. Es war einer meiner klügsten Entscheidungen überhaupt. Während viele meiner Kolleginnen und Kollegen die Hacke längst geschmissen haben, weil ihnen der Garten zu viel wurde, sitze ich noch immer hier unter dem Quittenbaum und schaue einer Hornisse nach, die kurz vor der Dämmerung auf Beutefang geht.

Aufgeben musste ich natürlich trotzdem. Fast alle meiner ursprünglichen Pläne zum Beispiel. Am Computer hatte ich Rüebli, im Garten aber einen Lehmboden. Der Garten ist meine Schule des Scheiterns. Fünf von sechs Himbeerstauden faulten ab, nur damit die Beeren des Überlebenden von der Kirschessigfliege befallen werden konnten. Im Frühjahr ging ich entschlossen den wuchernden Goldruten an den Neophyten-Kragen, und merkte erst viel zu spät, dass es die wunderbaren Herbstastern des Vorbesitzers waren, die ich da ausgerissen hatte. Den Kampf mit den Schnecken um die Salatbeete habe ich längst aufgegeben, und außerdem schaffte ich es, mir an einer Tomatenstange fast ein Auge auszustechen.

«Mach nicht zu viel!» Miguels Tipp gebe ich allen mit auf den Weg, die sich in ernsthafter Absicht mit einem Stück Land einlassen. Mit dem Garten ist es nämlich wie mit einer Beziehung. Es braucht Zeit, um das Gegenüber und auch sich selber kennenzulernen, wenn es Liebe werden soll. Die Annahme, man könne den anderen ganz nach seinen eigenen Wünschen formen, ist hier wie dort ein «Highway to Hell». Die schönsten Überraschungen – und einige weniger erfreuliche, zugegeben – habe ich dem Eigensinn der Natur zu verdanken. Als ich die Bretterbeige hinter dem Gartenhäuschen abbaute, verschlief ich es, das freigelegte Beet zu bepflanzen. Im nächsten Jahr wogte dort ein rotes Meer aus Klatschmohn. Jahrelang müssen die Samen in der Erde auf ihre Chance gewartet haben.

Was aber habe ich in den letzten zehn Jahren wirklich geschafft? Der größte Erfolg sind für mich die ungezählten Stunden, die ich bei jedem Wetter und rund ums Jahr in diesem Garten verbracht habe, zwischen Holunder, Nachtkerzen und wilden Rosen. Mein Garten sei meine «psychologische Ausgleichsfläche», sagt mein Mann scherzhaft, wenn ich in die Stiefel steige und für Stunden verschwinde. Dazu trägt auch die bunt gemischte Gemeinschaft bei, die aus mir und Menschen wie Miguel mittlerweile geworden ist. Die Gartenbegeisterung verbindet uns, und ich profitiere von ihrem Wissen und ihrer Unterstützung. Christoph Rhyner, der Autor dieses Buches, ist einer von ihnen. Ein abenteuerlustiger, offener Geist – wenn ich ein Garten wäre, von einem solchen Blick würde ich betrachtet werden wollen.

Gartenbücher und -hefte liebe ich übrigens noch heute. Sie haben auf mich die gleiche Wirkung wie Wellness-Wochenenden auf meine Freundinnen und Radtouren auf meinen Mann. Heute noch mehr als früher, weil ich nicht mehr den Druck verspüre, alles umsetzen zu können oder zu müssen. Einen tollen Garten erkennt man nicht an den akkuraten Beeten, sondern an der Freude, die er macht. ○

Gärtnern ist *Freude.*

Freude am Erschaffen, Bewahren und Genießen.

Gärtnern ist sogar *Freiheit.*

«Getrau dich frei
zu gärtnern!
Sei frech, entspannt
und genieße.»

Ich darf mir einen Ort gestalten, der mir gefällt. Mein eigenes Paradies. Doch auch in diesem Garten Eden können ganz schnell schwarze Wolken aufziehen. Aber unsere innere Einstellung und ab und an eine kleine Atempause können schon mal helfen.

«Seit Jahren gehört das Gärtnern zu den beliebtesten Freizeitbeschäftigungen, und auch die Vorteile für die Gesundheit liegen auf der Hand: Durch die aktive Bewegung im Freien wird das Herz-Kreislauf-System unterstützt, die Herzfrequenz sinkt, der Puls wird ruhiger und der Blutdruck ausgeglichen. Durch die sich wiederholenden Bewegungsmuster unterschiedlichster Art wird der gesamte Bewegungsapparat gestärkt, das Atemvolumen steigt um ca. 50 Prozent, der Stoffwechsel kommt in Schwung. Auch ein sinkender Cholesterinspiegel, bessere Konzentrationsfähigkeit und ruhigerer Schlaf werden dem regelmäßigen Gärtnern im Freien zugeschrieben. In stressigen Zeiten wenden wir uns besonders dem Wühlen in der Erde, dem Gießen und Rupfen zu.» *nationalgeographic.de*

Lass dich nicht unterkriegen. Weder von gefräßigen tierischen, noch von besserwisserischen, menschlichen Besuchern. Das wird schon wieder und nicht jeder gut gemeinte Ratschlag wird in deinem Reich nützlich sein.

Ganz neu ist die Begeisterung für Gartenarbeit nicht. Auch wenn uns auf Instagram herausgeputzte Gärten als das Neueste und tierfreundliches Gärtnern in Magazinen als der heißeste Tipp ever verkauft wird – wir kennen Gärten und ihre Arbeit längst, oft schon von den Großeltern, als Zufluchts- und Sehnsuchtsort in unserer Kindheit. Auch ich habe noch heute den Geschmack saurer, kleiner Trauben aus dem Vorgarten meiner Großmutter im Mund.

So verschieden wie wir sind, sind auch die Grundvoraussetzungen unserer Gärten. Ob sonnig, schattig, feucht oder trocken – es gibt Pflanzen für jeden Bereich und jede Lage. Das ist ein Versprechen, dass uns die Natur gibt. Schließlich brauchen wir uns nur in der Welt umzuschauen. Ob an den Hängen des Himalayas oder in der Wüste Namib. Überall gibt es Pflanzen, die spezialisiert sind. Und auch in deinem Garten wird etwas wachsen. Auch wenn's mal nicht so ist, wie du es willst – das wächst schon noch. Und sonst etwas anderes.

Ich wünsche mir seit Jahren Lupinen (*Lupinus*) und Schmuckkörbchen (*Cosmos* sp.) im Garten. Ob einjährig oder als Stauden, Pflanzen aus der Lupinenfamilie beginnen anscheinend bereits direkt nach meinem Einkauf einen Sterbeprozess. Auf alle Fälle sind sie gefühlt eine Woche nach der Pflanzung alle tot. Und die unzähligen Tütchen voller *Cosmos*-Samen, die ich verstreut habe, scheinen sich in Luft aufzulösen. Die ganze Nachbarschaft scheint voll mit diesen grazilen Blüten zu sein. Bloß hier bei mir ist eine Schmuckkörbchen freie Zone. Schade – aber dafür wachsen Rosen aus jedem in den Boden gepflanzten Steckholz ohne Mühe. Und wenn ich im Gartencenter aus dem Wühltisch eine preislich reduzierte, verschrumpelte Lilienknolle (*Lilium*) erstehe, kann ich mir sicher sein, dass sie im Garten wachsen und gedeihen wird. Problemlos.

Deswegen rate ich dir:

- Gib niemals auf, wenn eine Pflanze einfach nicht will, es gibt auch andere. Viele andere. Etwa 380 000 reine Arten sagt uns die Botanik. Da wird es bestimmt auch eine für deine Gartensituation geben. Zuchtformen gibt es übrigens noch mehr. Beruhigend, oder?
- Recherchiere in Büchern, bei Bekannten, im Internet über die richtige Pflanzenwahl für deinen Garten. Noch nie in der Geschichte der Menschheit war es so einfach, an Informationen zu kommen. Allerdings findet man im Internet auch vieles, was nicht stimmt. Deswegen bitte ich dich, alles wenn möglich immer zu «double-checken». Das ist neudeutsch für zwei unabhängige Quellen konsultieren.
- Lass dich von Fachpersonal in einer Gärtnerei beraten. Wenn wir schon Zugang zu Expertenwissen haben, wäre es blöd, dieses nicht anzuzapfen.
- Bilde dich in einem Botanischen Garten oder einem Stadtpark in deiner Nähe weiter. Hole dir dort Inspiration, lies über dir fremde Pflanzen und freue dich an der Vielfalt, die in deiner Umgebung wächst. Gut möglich, dass du ähnliche Gegebenheiten hast wie du sie im Botanischen Garten oder deinem Stadtpark antriffst.

↘ Der Kalifornische Flieder oder Säckelblume (*Ceanothus thyrsiflorus*) blüht überreich im Frühling an den einjährigen Trieben. Die Blüten haben nicht nur eine für Büsche ungewöhnliche Farbe, sondern duften zusätzlich herrlich nach Honig. Passend dazu ist er ein wahrer Bienenmagnet!

Du bist nicht allein auf weiter Flur. Besonders der Austausch unter Gleichgesinnten gibt mir viel. Es müssen nicht viele sein. Suche dir Personen, die auf der gleichen Wellenlänge, mit einem ähnlichen Ziel unterwegs sind. Ansonsten wird es mehr ein Reinreden als ein inspirierender Austausch – das hilft niemandem. Gespräche auf Augenhöhe sind wichtig.

Vielfach finde ich in der Literatur oder dem Netz zwar wunderbare Anleitungen zum Traumgarten, aber es lässt sich bei mir nicht ganz genau so umsetzen, weil die Voraussetzungen anders sind oder klimatischen Bedingungen nicht stimmen. Vielleicht hat jemand in deinem Umfeld die gleichen Erfahrungen wie du mit einer Pflanze gemacht und eine Lösung gefunden? Du musst das Rad nicht neu erfinden. Du bist auch kein schlechter Mensch, wenn dir eine Pflanze oder mehr stirbt. Das passiert nun mal. Lernen wir daraus.

Der Garten soll auch ein Ort der Entspannung sein, nicht wahr? Viel zu oft quälen wir uns mit selbst aufgetragenen Arbeiten («Das macht man halt so»), die auf den zweiten Blick plötzlich unnötig erscheinen. Lasst uns alle nur ein wenig bequemer sein. Ja, das bedeutet für den Garten, die Natur und alle möglichen Lebewesen sogar einen Mehrwert. Wieso habe ich bloß jahrelang die Blätter zusammen gewischt und in der Grüntonne oder auf dem Kompost entsorgt? Wahrscheinlich kommt da der stereotype Schweizer in mir durch. Alles soll tipptopp sein. Und vor allem soll es gut für die Nachbarn aussehen. Was sollen die denn sagen, wenn es bei uns wieder völlig vermüllt aussieht?

Was mache ich nun mit den Blättern? Ich wische sie inzwischen, wo es geht, unter die Büsche oder auf die kahlen, abgeernteten Gemüsebeete. Ich habe weniger Arbeit, Tiere finden dort Schutz und Nahrung und in einem Jahr ist alles zu Kompost zerfallen, respektive von Würmern zu Kompost verarbeitet worden. Gartenarbeit kann so einfach sein. So viel entspannter.

«Du bist nicht allein auf weiter Flur. Besonders der Austausch unter *Gleichgesinnten* gibt mir viel.»

Durch fröhliches Experimentieren schaffen wir Erkenntnis. Getrau dich. Baummohn bevorzugt einen sonnigen Standort, einen gut drainierten Boden und kommt gut mit Trockenheit zurecht. Mein Baummohn (*Romneya coulteri*) steht völlig am falschen Ort. Zu nass, zu beengt, zu dunkel. Warum ich ihn dahin gesetzt habe? Es war halt noch das letzte Fleckchen Erde, das frei war. Er lebt aber trotzdem noch – und wie. Er blüht und gedeiht. Aber er kommt nicht auf blöde Gedanken. Der Baummohn ist allgemein berüchtigt für seine Ausläufer, die auch schon mal durch Gemäuer und in Gebäude hineinwachsen können. Du hast richtig gelesen. Ich übertreibe nicht. Es gibt Menschen, denen auf einmal ein Baummohn-Trieb zwischen dem Parkett des Wohnzimmers entgegenkam! Weil ich ihn am vermeintlich falschen Ort gepflanzt habe, bleibt er zahm. Ich habe in all den Jahren keine Ausläufer entdeckt. Drück mir die Daumen, dass es so bleibt!

Ich will mit diesen Seiten keine grüne Revolution oder irgendeinen Gartenstreit anzetteln. Schon gar nicht die eigene Weisheit über alle und alles andere stellen. Ich schreibe aus meiner Erfahrung, die wesentlich aus meinem Garten stammt und dessen Umstände wiedergibt. Das muss nicht zwingend alles bei dir gleich sein. Hoffentlich nicht, weil erst die Vielfalt das Leben spannend macht. Umarme deinen Garten und nimm seine Grundzüge an, so wie er ist. Alles andere macht dich auf die Dauer nicht fröhlich.

Kürzlich beschrieb mir ein Bekannter seinen Garten. Es hörte sich nach einem fantastischen Anwesen an. Mit alten Bäumen in einer parkähnlichen Umgebung. Aber er sprach bloß vom vernässten Boden und all den Pflanzen, die er eben wegen diesem Boden nicht anpflanzen kann. Er sieht die wundervollen Bäume nicht, die er besitzt. Er sieht nicht die Möglichkeiten, die sein spezifischer Umstand bietet. Er sieht nur, was er nicht haben kann. Es gibt massenhaft feuchtigkeitsliebende Pflanzen, die ich niemals bei mir setzen könnte. Ein warmer Föhntag (ein warmer Südwind, der bei uns im Rheintal gerne bläst) und der Boden bei mir ist staubtrocken. Nix mit Sumpfpflanzen oder dergleichen. Bei meinem Bekannten könnte ein feuchtes Wunderland entstehen. Wenn er denn wollte.

Diese unvollständige Liste würde mir schon reichen, um mich in einem feuchten Garten auszutoben. Groß müsste er allerdings schon sein. Sonst wird das mit den Mammutbäumen nichts. Die Aufzählung ist so reichhaltig: Es sind Bäume, Sträucher, Blumen, Gräser und sogar essbare Beeren darunter. Es —

PFLANZEN FÜR NASSE BÖDEN

- Bachweide (*Salix purpurea*)
- Urwelt-Mammutbaum (*Metasequoia glyptostroboides*)
- Sumpfdotterblume (*Caltha palustris*)
- Amberbaum (*Liquidambar styraciflua*)
- Blutweiderich (*Lythrum salicaria*)
- Rot-Ahorn (*Acer rubrum*)
- Sumpf-Fingerkraut (*Potentilla palustris*)
- Rosen-Schlüsselblume (*Primula rosea*)
- Sumpf-Vergissmeinnicht (*Myosotis palustris*)
- Schwarze Johannisbeere (*Ribes nigrum*)
- Knopfbusch (*Cephalanthus occidentalis*)
- Trompetenbaum (*Catalpa bignonioides*)
- Silberweide (*Salix alba*)
- Zyperngras-Segge (*Carex pseudocyperus*)
- Sumpf-Wolfsmilch (*Euphorbia palustris*)
- Korallenhülse (*Ilex verticillata*)
- Tulepobaum (*Nyssa sylvatica*)
- Schildblatt (*Darmera peltata*)
- Bachbunge (*Veronica beccabunga*)
- Sumpfzypresse (*Taxodium distichum*)
- Gelbe Gauklerblume (*Mimulus luteus*)
- Sumpf-Segge (*Carex acutiformis*)

gibt insekten- und vogelfreundliche Pflanzen sowie solche mit besonders toller Herbstfärbung. Du weißt, worauf ich hinaus will? Genau, es hat für alle etwas dabei! Es gibt wundervolle Pflanzen für jeden Platz. Feucht oder trocken, sonnig oder schattig.

Übrigens: Ist dir aufgefallen, dass einige Pflanzen in der Liste ein «*palustris*» im Namen haben? Das ist das lateinische Wort für Sumpf. Und damit ein untrügliches Zeichen dafür, dass diese Spezies im feuchten Umfeld gut gedeiht. Du musst also mit dem arbeiten, was du hast. Schau dich um und mache ein Inventar. Ein Inventar des Schönen:

- Was gibt es alles?
- Was gefällt dir besonders?
- Wo ist ein speziell schönes Plätzchen?
- Welche bereits bestehende Pflanze sieht attraktiv aus?
- Wo fällt das Licht hin?

Die Liste könntest du weiterführen. Entdecke deinen Garten neu – seinen Reichtum, seine Möglichkeiten. Lerne, ihn zu lieben, ob Garten, Balkon oder drei Kistchen vorm Fenster. Jammern über Pflanzen, die nicht wachsen, ist vergeudete Energie. Ich weiß, wie schnell man in dieses Jammertal gerät – mir geht es genauso. Jammern ist menschlich. Aber mit diesem Buch möchte ich dir eine Leiter reichen, damit wir beide schnell wieder herauskommen – und das freie Gärtnern geniessen können.

Dieses Buch erhebt keinen Anspruch auf Vollständigkeit – dafür ist es viel zu klein. Es behandelt nicht alle Gartenthemen und -situationen, wie sollte es auch? Aber es soll dich anstupsen, Neugier wecken und Lust auf mehr machen. Jährlich erscheinen viele Gartenbücher. Schau dich nur in einer Buchhandlung um – alle haben ihre Berechtigung, und ich liebe es, darin zu schmökern. Es gibt präzise Ratgeber für spezielle Themen: Gemüsegarten, Permakultur, mediterranes Gärtnern und mehr. Sie schenken uns Ideen und Wissen, und das ist wunderbar. Aber wir dürfen unseren Kopf und unsere Neugier nicht ausschalten. In der Natur läuft nicht alles nach Plan, und mit dem Klimawandel müssen wir flexibel bleiben – oder dringend werden.

Sturheit ist der Anfang des Scheiterns und der Beginn allen Frusts. Das wünsche ich dir auf keinen Fall. Lasst uns unseren Garten Tag für Tag beobachten, mit aller Flora und Fauna. Egal ob von uns gewollt und gepflanzt, oder von der Natur geschenkt. Er sagt uns, wie wir ihn am besten pflegen können. Was er will und was nicht. So eine Aussage mag vielleicht ein wenig esoterisch und hippie-like klingen. Aber in meiner Erfahrung hat eine gute Beobachtung immer etwas gebracht. Achten wir auf Wind und Wetter, auf Mikroklimata und nehmen wir Scheitern ernst. Eine tote oder kränkelnde Pflanze zeigt uns Änderungsbedarf und ist kein Grund um sich dafür zu schämen. Schauen wir hin und verändern, was geändert werden muss – und lasst uns weiterhin fröhlich scheitern. Und natürlich daraus lernen. Auch wenn es nicht immer einfach ist.

Hiermit bekenne ich offen und ehrlich: Mir sind schon viele Pflanzen eingegangen. In 45 Jahren kann und darf mal was schiefgehen. Ich nehme mir aber immer vor, lernfähig zu bleiben. Danach machen wir einfach weiter – ohne Scham. Den angeblich perfekten Garten gibt es nur in Magazinen und auf Instagram. So what. Deiner ist sowieso der schönste, du musst nur hinschauen. Vielleicht sind deine Salatköpfe perfekt geformt oder diese eine Rose einfach der Hammer.

Schönheit liegt im Auge des Betrachters. Und in deinem Garten betrachtest grundsätzlich du. Ich möchte dir über den Gartenzaun, in den Schrebergarten, auf den Balkon oder wo auch immer du gärtnerst zurufen: Getrau dich frei zu gärtnern! Sei frech, entspannt und genieße. Diese Seiten sollen dir eine dazu Inspiration sein. Nicht mehr, nicht weniger. Von einem Ausprobierer und Scheiterer zum anderen. Beobachte deinen Garten und sei aufmerksam. Dann kann es ja losgehen. ○

DIE NATUR ALS KÜNSTLERIN

Alleine bist du übrigens nie da draußen, sondern mit unzähligen Lebewesen in einer grünen WG vereint. Das will ich positiv verstanden wissen. Die Zeiten, als der Mensch gegen die Natur in den Ring trat, sollte vorbei sein. Ich sage lieber: Die Natur ist mit an Bord. Und sie gestaltet mit uns unseren Garten mit. Wie spannend ist das denn, bitteschön?

Lassen wir der Natur im Garten Raum. Wenn Pflanzen wie der Goldmohn (*Eschscholzia californica*) oder die Jungfer-im-Grünen (*Nigella damascena*) selbstständig versamen dürfen, wandern die Farben. Die Natur wird dich belohnen, wenn du sie wirken lässt. Mit Farbkombinationen, die du nie für möglich gehalten hättest. Mit Tieren, die du noch nie gesehen hast.

Ich staune jedes Jahr aufs Neue über die Fülle an unterschiedlichen Libellen, die sich am Teich sonnen und an den Düften, die im Hochsommer während der blauen Stunde an mir vorüberziehen.

WANDERNDE PFLANZEN UND IHR ZAUBER

Diese Liste an wandernden Pflanzen ist in keiner Form vollständig und kann selbstverständlich je nach Garten und Lage variieren. Bei meinen Wanderern habe ich bemerkt, dass sie alle gut zu jäten sind – sollten sie mal außer Rand und Band geraten. Sie sind aber gleichzeitig gute Bodendecker, ich möchte fast sagen Gründüngungen, die freie Plätze besiedeln, die Bodenfruchtbarkeit erhalten (oder fördern) und mit ihren Blüten tolle Farbe liefern. Sie alle sind zusätzlich bei unseren heimischen Bestäubern (Insekten wie zum Beispiel Biene, Hummeln, Käfern) beliebt und tragen zu mehr Biodiversität bei.

WANDERNDE PFLANZEN

- Jungfer-im-Grünen (*Nigella damascena*), einjährig
- Goldmohn (*Eschscholzia californica*), einjährig
- Mutterkraut (*Tanacetum parthenium*), kurzlebige Staude
- Kaukasus-Gamander (*Teucrium hircanicum*), Staude
- Hornveilchen (*Viola cornuta*-Hybriden), zweijährig
- Klatschmohn (*Papaver rhoeas*), einjährig
- Nachtkerze (*Oenothera biennis*), zweijährig
- Ringelblume (*Calendula officinalis*), einjährig
- Kissen-Primel (*Primula vulgaris*, Wildform), Staude

Wandernde Pflanzen bringen im Garten den verspielten Look, den wir aus Bauerngärten kennen. Oder aus den Ferien in der Provence. Überall sprießen Pflanzen und es sieht aus, als ob sie genau für diese Plätze ausgesucht worden wären. Es ist diese Leichtigkeit, die nur Zufall schaffen kann. Und ich sage nochmals: Wenn eine Kombination mal wirklich nicht deinem Geschmack entspricht, ist mit einem Handgriff schnell Abhilfe geschaffen.

Interessanterweise aber habe ich kaum Pflanzenkombinationen gesehen, die nicht schön nebeneinander ausgesehen haben. Wir Menschen mit unserer Farbenlehre und was auch immer an ästhetischen Grundregeln, engen uns zuweilen ganz schön ein. Schön ist, was gefällt – sagte vor Jahren eine Arbeitskollegin zu mir. Hat was. —

→ Eine Ecke in der die verschiedensten Selbstversamer schalten und walten können, ist wie eine Wundertüte. Lass auch du dich überraschen!

↘ Jede Blüte des Goldmohns ergibt eine Schote. In jeder Schote hat es viele Samenkörner. Eine Pflanze kann so der Anfang einer wandernden Gruppe werden.

STAUDEN

Stauden sind *mehrjährige* Pflanzen, die im Winter oberirdisch absterben und im Frühling wieder austreiben. Mit dieser Eigenschaft machen sie dir das Leben im Garten einfacher. Du musst nämlich nicht immer neue Pflanzen setzen, sondern sie bleiben dir treu.

Manche Stauden sind eher kurzlebig. Andere, wie zum Beispiel Pfingstrosen (*Paeonia* sp.), blühen zuverlässig für Jahrzehnte, wenn nicht sogar dein Leben lang. Es lohnt sich also, einen Pflanzplan zu erstellen – sei es im Kopf (kurz innehalten und das Beet begutachten, wirkt meistens schon Wunder) oder auf Papier. So musst du nicht gleich im nächsten Jahr wieder alle möglichen Pflanzen ausgraben und anderswo wieder einsetzen. Stelle die Pflanzen zuerst alle im Topf hin, trete einen Schritt zurück und schaue sie an. Passen sie? Erst dann machst du dich ans Eingraben. Denke an:

- *Höhe* (eigentlich ist es ganz klar: hinten im Beet die Hohen, dann die Mittelgroßen, vorne die Zwerge – und trotzdem habe ich immer wieder ohne zu überlegen drauflos gepflanzt und es später bereut)
- *Farbe der Blüten* (gegensätzliche Farben, zum Beispiel orange und violett, finde ich persönlich spannend, aber auch hier gilt: schön ist, was dir gefällt, Ton in Ton hat nämlich auch was)
- *Farbe der Blätter* (ja, da gibt es Unterschiede – es ist nicht einfach alles immer nur das gleiche Grün)
- *Wuchsform* (buschig, aufrecht, kriechend ...)
- Wann hat die Pflanze im Jahr ihren großen Auftritt?
- *Bedürfnisse* (damit du nicht einen Trockenkünstler neben die Sumpfpflanze setzt)
- *Wuchsfreudigkeit* (manche Pflanzen lieben es die anderen zu verdrängen)

Anhand dieser Liste kannst du ein Staudenbeet zaubern, das dir viele Jahre Freude bereiten wird. Zwischen die Stauden kannst du bestens Zwiebelblumen setzen. Da die Stauden am Platz bleiben, werden auch die Zwiebeln nicht gestört. Außerdem sehen gerade im Frühjahr viele Stauden vor dem Austriebe ziemlich unspektakulär oder gar hässlich aus. Da bringen Tulpen (*Tulipa* sp.) und Co. Farbe ins Spiel. Die einziehenden Blätter der Zwiebelblumen sind ihrerseits keine Augenweide und werden vom frischen Austrieb der Stauden verdeckt. Eine Win-Win-Situation.

Zweijährige

Zweijährige bilden im ersten Jahr eine Blattrosette und blühen im zweiten. Bei ihnen musst du dir gut einprägen oder anschreiben, wo du sie gesät hast. Die Blattrosette sieht meistens nicht wirklich spektakulär aus und wird gerne als vermeintliches «Unkraut» ausgerissen. Jedenfalls geht das mir so. Wenn ich ehrlich bin, sind die Zweijährigen diejenigen, die ich am mühsamsten finde. Zuerst machen sie ein Jahr nichts her und besetzen Platz, den ich vielleicht mit etwas Schönerem als ein paar Blättern füllen möchte. Und im darauffolgenden Jahr erfreue ich mich an den Blüten und der Wuchsform, gewöhne mich daran – schwupps, ist es wieder Vergangenheit. Aber Nachtkerzen (*Oenothera biennis*) oder Stockrosen (*Alcea rosea*) sind einfach zu schön, um auf sie zu verzichten.

Einjährige

Einjährige sind meines Erachtens ziemlich selbsterklärend, nicht wahr? Und eine tolle Art, in kurzer Zeit viel Blüten und Farbe zu erhalten. Sie füllen leere Flecken aus und wenn es ihnen gefällt, werden sie sich vielleicht sogar von selbst versamen. Wenn du Einjährige aus meiner Liste bei dir im Garten ansiedeln möchtest, ist es eine günstige Angelegenheit. Denn so ein Samentütchen ist günstig. Schwupps – da sind wir schon beim nächsten Gartenthema: das liebe Geld. Jawohl, es mag zwar nicht auf Bäumen wachsen (sonst wären wir Gärtnerinnen und Gärtner alle reich), es spielt aber auch hier eine Rolle.

→ Was lugt denn da hervor? Versuche dich an vergangene Bepflanzungen zu erinnern. Oder präge dir die Keimblätter verschiedener Pflanzen ein. Das hilft dir, sie nicht einfach auszujäten.

→ Die Wegwarte (*Cichorium intybus*) ist ein einheimischer Wanderer durch unseren Garten und taucht an den verschiedensten Stellen auf. Ab dem zweiten Jahr zeigt sie ihre blauen Blüten und wird mit jedem Jahr schöner.

«Es wird nicht gegen, sondern mit der Natur gearbeitet.»

Seit einer Weile wird dieses Prinzip als «Blackbox Gardening» bezeichnet. Eine Blackbox stellt ein in sich geschlossenes System dar, das von außen betrachtet wird. Wir können das «Blackbox-Gardening» auch ganz einfach beschreiben als «zuschauen, abwarten und sich überraschen lassen». Nicht der Mensch, sondern die Licht-, Boden-, und Feuchtigkeitsverhältnisse entscheiden darüber, was wo wächst und was nicht wächst.

Es braucht zugegebenermaßen ein wenig Mut, die Zügel – wenn auch nur teilweise – aus der Hand zu geben. Es entkrampft aber auch gestresste Gärtnerseelen.

FAZIT

Die meisten Komplimente für meine Gartenplanung habe ich in der Vergangenheit für solche Spontanpflanzungen bekommen. Jetzt kann ich mich darüber nerven, dass niemand meine «richtige» und ach so schwere Arbeit im Garten würdigt. Oder ich darf mich entspannt zurücklehnen und mal gucken, was denn da so ohne mein Zutun passiert. Ich habe mich noch so gerne für das Letztere entschieden. Wahrscheinlich könnte der Titel «Frei Gärtnern» auch mit «Faulem Gärtnern» gleichgesetzt werden. Das ist zwar marketingtechnisch nicht so optimal. Aber unter uns kann ich dir an dieser Stelle ja verraten, dass du noch so einige faule Tricks von mir hören wirst. Psst, das bleibt unter uns.

Während ich diese Zeilen schreibe, suche ich nach einem negativen Punkt zu den wandernden Pflanzen, den ich vergessen habe und den ich dir noch aufschreiben müsste. Ich kann beim besten Willen keinen finden. Ein eindeutiges Argument für das freie Versamen von Einjährigen Pflanzen, finde ich. ○

DAS SCHNÖDE GELD

Es schleckt leider keine Geiß weg, dass wir alle mit einem Budget im Garten auskommen müssen. So groß oder klein es auch sein mag; begrenzt ist es immer. Es kann aber zu einer spannenden Challenge werden, ein low-budget Gärtnern zu versuchen. Nicht für immer und nicht für alles. Gönn' dir ruhig auch mal was, wenn's geht. Aber in unserer Zeit ist Nachhaltigkeit in aller Munde. Und wo würde dieses Thema besser passen als in unserem grünen Garten.

Es gibt da glücklicherweise einige Tipps und Tricks, wie du deine Ausgaben ein wenig in Zaum halten kannst, die ich dir gleich zu Anfang auf den Weg mitgeben möchte. Nur nicht verzweifeln. Besonders wenn du einen neuen Garten besitzt – sozusagen eine leere Leinwand –, kann dich ein Kostenvoranschlag leicht demotivieren. Das muss nicht sein.

In den meisten Gärtnereien und Gartencentern gibt es eine Schnäppchenecke rund ums Jahr. Viele Kunden und Kundinnen möchten nur Ware, die top aussieht. Getrau dich und kaufe den roten Scheinsonnenhut (*Echinacea purpurea*) mit den paar vertrockneten Blättern oder die verblühte Schafgarbe (*Achillea millefolium*). Gerade die Stauden (mehrjährige, krautige Pflanzen) werden sich bei dir daheim geschwind erholen. Keine Angst, du musst nicht viel päppeln. Ich steuere inzwischen immer in jedem Geschäft und jeder Gärtnerei zuerst die herunter geschriebenen Pflanzen an. Sie schonen übrigens nicht nur unser Portemonnaie. Es ist definitiv nachhaltiger, wenn sie in deinen Garten anstatt in den Müll wandern. Da hast du gleich zwei Fliegen mit einer Klappe geschlagen.

Du kannst größere Stauden teilen. Schneide sie herunter und reiße oder schneide den Wurzelballen auseinander. Achtung: Das geht nicht mit Pflanzen, die nur eine große Pfahlwurzel haben. Es sollte ein «filziger» Wurzelballen sein. Wenn du zuerst etwas vorsichtig ziehst, merkst du schnell, ob du auch beherzt reißen darfst. Verlasse dich ruhig auf dein Gefühl. Je nach Größe gibt es schnell mal 2–4 Pflanzen aus dem, was noch vor ein paar Sekunden eine einzige Pflanze war. Das funktionert übrigens auch bei den Kräutertöpfchen wie Basilikum oder Petersilie. Dort sind viele Pflänzchen zusammengepfercht, die mit schönem,

→ Leider stimmt die Mär vom Kaffeesatz nicht wirklich. Er kann höchstens temporär den Boden etwas saurer machen. Für Rhododendren oder Kamelien nützt das auf Dauer nicht. Aber als Bodenverbesserer und Lieblingsessen der Würmer tut er dir gute Dienste.

breitem Wuchs auf verbesserte Platzverhältnisse reagieren. Nach dem Teilen pflanzt du die Einzelteile in separate Pflanzlöcher. Achte darauf, dass der obere Abschluss des Wurzelballens auf der gleichen Höhe mit der Erde in einer Linie liegt. Gieße gut an und warte auf neues Wachstum. Wenn das geschieht, fühlt sich die Pflanze wohl, alles ist gut verlaufen und du hast es geschafft. Herzlichen Glückwunsch!

Der Herbst als Pflanzsaison ist bei den meisten in Vergessenheit geraten. Alle wollen Pflanzen im Frühling kaufen und setzen. Das kann ich nach dem Winter verstehen. Da will auch ich Farbe und frisches Grün sehen. Aber im kühleren und meistens feuchteren Herbst wachsen die Pflanzen auch gut an – wenn nicht sogar besser. Ab August bis in den November hinein, ist vieles günstig zu erwerben. Die Gärtnereien und Gartencenter wollen so manches noch vor dem Frost loshaben. Da greife ich immer gerne zu. Auch sonstige Gartenaccessoires und -werkzeuge sind dann vielfach günstiger zu haben. Wenn du, so wie ich, gerne auf Schnäppchenjagd gehst, wirst du den Herbst plötzlich lieben lernen. Achtung: Manchmal wurde ich in der Vergangenheit so vom Schnäppchenfieber übermannt, dass sich die Töpfe voller Pflanzen Ende Oktober in unserem Schuppen stapelten und darauf warteten, von mir endlich gesetzt zu werden. Sie sollten noch vor Bodenfrost in die Erde kommen: In hartem, tiefgefrorenem —

→ Die eigene Vermehrung von Pflanzen gibt mir immer wieder ein Glücksgefühl. Viele meiner Zitruspflanzen sind aus Kernen gezogen worden. Vielleicht steckst auch du mal einen nach dem Genuss der Frucht in einen Topf? Außerdem eignen sich selbstgewonnene Samen aus dem Garten bestens als Geschenke.

Boden ein Loch zu graben ist kein Vergnügen; manchmal sogar unmöglich. Warte also nicht zu lange. Theoretisch könntest du Bäume, Sträucher und Stauden auch in den Töpfen überwintern. Sie sind darin aber frostgefährdeter. In Töpfen kommt der Frost von allen Seiten, in der Erde nur von oben. In Töpfen geben daher auch frostharte Pflanzen gerne auf. Und wenn der Frost kein Problem sein sollte, vergesse ich gerne, Töpfe im Winter zu gießen. Du hast richtig gehört, ein wenig Feuchtigkeit brauchen Pflanzen auch im Winter. Wintergrüne sogar noch mehr als Laubabwerfende. Es ist ein offenes Geheimnis in Gärtnerskreisen, dass die meisten Topfpflanzen im Winter verdursten und nicht erfrieren! Dieses Problem erledigt sich, sobald die Wurzeln im Boden sind. Also noch einmal: Ab in die Erde mit deinen Einkäufen – so schnell wie möglich.

Eine weitere Zeit für Schnäppchen ist der Spätfrühling oder Frühsommer. Wann genau die eine Jahreszeit in die andere übergeht, weiß ich auch nicht. Ist ein wenig schwammig, das gebe ich zu. Aber ich meine damit die Zeit, wenn im Verkauf Frühlingsblüher vergünstigt abgegeben werden, weil Sommerflor und mediterrane Topfpflanzen angeboten werden. Du kannst dann die verblühten Blumenzwiebeln in den Garten setzen. Sie werden im nächsten Jahr wieder blühen. Hornveilchen blühen noch lange in den Sommer hinein, wenn das Verblühte abgeknipst wird. Werden einige Samenstände stehen gelassen, werden sie sich versamen.

WEITERE TIPPS
FÜR SPARFÜCHSE

- *Gartenwerkzeuge* gibt es in Brockenstuben
- *Gartenschnur* lässt sich auch durch Garnreste, Bänder aus Stoffresten etc. ersetzen
- Nach Weihnachten lässt sich der *Christbaum* wunderbar weiterverwenden: die Äste als Frostschutz für empfindliche Pflanzen, der Stamm als Bohnenstange etc.
- *Rückschnitt* von Büschen und Bäumen kann als Ersatz für Bambusstöcke gebraucht werden
- *Stauden- und Rasenrückschnitt*, nicht-blühendes Beikraut, Laub als Abdeckung für Beete etc. verwenden
- *Regenwasser* sammeln, anstatt kostbares Trinkwasser zu verwende
- *Pflanzgefäße* kreativ wiederverwenden, statt immer wieder neue zu kaufen → auch in Brockenstuben findet sich für wenig Geld einiges, das bepflanzt werden kann
- *Beeren und Obst pflanzen* → ohne viel Aufwand jährlich ernten

Primeln werden als mehrjährige Pflanzen dir viele Jahr Freude bereiten. Beachte einfach, dass die großblumigen Zuchtformen weniger lange durchhalten als die kleineren, welche näher an der Wildform sind.

Greife ruhig auch bei den vergünstigten Blumenzwiebeln zu. Solange die Zwiebeln noch fest sind, kannst du sie beruhigt vor dem ersten harten Frost in die Erde bringen. Aha, da habe ich es wieder geschrieben: vor dem ersten Frost. Auch bei den Zwiebeln heißt es also, nicht zu lange zu warten. Es gibt dennoch immer wieder Geschichten von Hobbygärtnern, die vergessene Blumenzwiebeln im Februar gefunden haben und noch in den Boden setzten. Mir ist das auch schon passiert. Das kann gut gehen und die Zwiebeln wachsen vielleicht an, werden aber kaum im gleichen Jahr blühen. Ist möglich, vielleicht, wer weiß – ist mir alles zu unsicher. Deswegen heißt es auch hier: Setze deine Schnäppchen schnell!

Sammle eigenes Saatgut im Garten, weil viele Pflanzen willig Unmengen an Samen produzieren. Besonders die Einjährigen. Solltest du zu viel davon gesammelt haben, tausche sie mit Nachbarinnen und Freunden. Das macht Freude. Achtung: Zum Trocknen Samenstände aufhängen oder höchstens in Papiertüten aufbewahren. Plastik- oder Glasbehälter sind ein Garant für Schimmel – außer das Saatgut ist wirklich knochentrocken. Achte zudem auf Mäuse. Ja, wirklich. Meine Akeleisamen (*Aquilegia vulgaris*) hatte ich im Schuppen am Boden ausgelegt. Als ich eines schönen Tages die Tür öffnete, stoben die Mäuschen nur noch so davon. Die Hälfte der Samen war nicht mehr da. Sie waren entweder gefressen oder für schlechte Zeiten gebunkert worden. Ich hatte zwar immer noch genügend Samen für mich und gefühlt das ganze Dorf. Nun musste ich aber zuerst den Mäusedreck zwischen den Samenständen herausklauben, bevor ich sie mit gutem Gewissen in Tütchen verpacken und weiterverschenken konnte.

↘ Die Zwiebel der südafrikanischen Ananaslilie (*Eucomis bicolor*) habe ich im Ausverkauf erstanden. Sie erweist sich als erstaunlich winterhart. Mit günstigem Pflanzenmaterial experimentiert es sich gut!

Außerdem geben viele Hobbygärtnerinnen und -gärtner gerne überzählige Stecklinge, Setzlinge, Ableger, zu groß gewordene Pflanzen oder was auch immer ab. Verschenken tut weniger im Herzen weh als kompostieren. Weshalb es immer gut ist, wenn du dich mit Freundinnen und Bekannten austauschst. Vielleicht kommst du nach dem Gespräch auch gleich in einen Tauschhandel? Ein schöner Nebeneffekt ist, dass du jedes Mal, wenn du die Pflanze siehst oder pflegst, an die netten Gebenden denkst.

WAS IST STECKLINGS-VERMEHRUNG?

Wird eine Pflanze über Stecklinge vermehrt, so erzeugt man Klone der Mutterpflanze, von der man die Stecklinge nimmt. Die neue Pflanze hat also die gleichen Eigenschaften wie die Mutterpflanze. Es handelt sich um die sogenannte vegetative Vermehrungsform, für die keine Samenbildung erforderlich ist. Doch auch die Vermehrung durch Stecklinge kann in verschiedenen Formen unterteilt werden. So spricht man von Blattstecklingen,

→ Immer wieder einen Versuch wert sind Stecklinge. Auch wenn nicht jeder anwächst, kannst du so günstig zu mehr Pflanzen kommen. Funktioniert übrigens auch bei Trauben. Gefühlt die ganze Verwandtschaft besitzt inzwischen Nachkommen unserer leckeren Blauen.

PFLANZEN, DIE LEICHT ÜBER STECKLINGE ZU VERMEHREN SIND

- Hortensien (*Hydrangea* sp.)
- Lavendel (*Lavandula* sp.)
- Rosen (*Rosa* sp.)
- Geranien (*Pelargonium* sp.)
- Fuchsien (*Fuchsia* sp.)
- Flieder (*Syringa vulgaris*)
- Rosmarin (*Salvia rosmarinus*)
- Oleander (*Nerium oleander*)
- Hibiskus (*Hibiscus rosa-sinensis)*, als tropische Pflanze am besten abgedeckt mit einer durchsichtigen Plastikhaube
- Himbeere (*Rubus idaeus*)
- Oregano (*Origanum vulgare*), versamt sich auch sehr leicht von selber
- Thymian (*Thymus vulgaris*)
- Pfefferminze (*Mentha piperita*), bewurzelt auch leicht im Wasserglas

wenn sich aus einzelnen entnommenen Blättern in Substrat (Erde) neue Pflänzchen entwickeln. Besonders Begonien (*Begonia* sp.) und Dickblattgewächse (*Crassula* sp.) lassen sich so vermehren. Wesentlich weiter verbreitet ist die Vermehrung über Kopf- oder Teilstecklinge.

Der Kopfschnitt ist eine Methode, bei der der Kopf der Pflanze abgeschnitten wird und als lose Pflanze weiter wächst. Kopfstecklinge werden häufig an Pflanzen mit nur einem Stängel oder von einem kräftigen Stängel vorgenommen. Ein Teilsteckling hingegen ist ein Teil eines Stängels, bei dem der Kopf abgetrennt wurde. Bei vielen Stauden lässt sich aus den einjährigen Trieben gutes Material für Stecklinge gewinnen. Verholzende Pflanzen sollten aus 2–3jährigen, harten Trieben vermehrt werden. Die verschiedenen Pflanzen haben selbstverständlich unterschiedliche Bedürfnisse. Versuch es doch einfach aus! Du hast nichts zu verlieren. Bald wirst du merken, welche Pflanzen sich bei dir gut vermehren lassen. Im Gespräch mit anderen Pflanzenliebhabern habe ich bemerkt, dass jede Person ihre Lieblinge hat, die immer funktionieren. Lavendel und Rosmarin zum Beispiel vermehre ich, indem ich im Sommer einjährige, leicht verholzte Triebe einfach in den Boden stecke und sie vergesse. Vielfach bewurzeln sie ohne Probleme. Und sonst ist es nicht schlimm. Aber das weißt du ja schon.

DIE SACHE MIT DEM REISSEN

Dass du die Wurzelballen vieler Stauden auseinanderreißen kannst, habe ich bereits erwähnt. Tönt ein wenig brachialisch und wenn man jemanden dabei zusieht, sieht es auch gewalttätig aus. Wenn du aber eine Pflanze hast, die zu groß geworden ist, kann das eine tolle Möglichkeit sein, sie —

TORF

Es werden verschiedenste Sorten *Erde* in Gartencentern verkauft. Für gefühlt jede Pflanzengattung gibt es eine andere. Ehrlich gesagt finde ich, dass wir nicht immer Geranienerde, Rosenerde, Tomatenerde oder was auch immer kaufen müssen.

Da wird uns suggeriert, wir brauchen die perfekte Erde für jeden Pflanzentyp. Das muss nicht so sein und ist für die meisten Pflanzen gar nicht nötig. Aber: Es gibt eine Ausnahme! Bei einen pH-Wert von unter 6,5 spricht man von einem saurem Boden. Einige Pflanzen, sogenannte Moorbeetpflanzen, lieben das. Rhododendren, Kamelien, Blaubeeren oder Hortensien gehören dazu; sie bevorzugen einen pH-Wert von 4,5 bis 5. Sinkt der pH-Wert noch tiefer, kommen damit nur noch sehr wenige Pflanzen zurecht. Deswegen musst du dich vor dem Kauf erkundigen, ob du eine Pflanze kaufst, die sauren Boden möchte oder die daran ganz und gar keine Freude hat. Mag sie es richtig sauer, dann ist der Kauf einer Spezialerde fast unumgänglich. Eine multifunktionale, günstige Variante tut's aber für fast alle anderen Pflanzen. Fühle mit deinen Fingern, ob die Erde zu kompakt ist und füge in diesem Fall Blähtonkügelchen, Seramis oder Sand hinzu. Für Kakteenerde mische ich die torffreie Billigvariante einer Supermarktkette mit einer Packung Vogelsand; damit habe ich seit Jahren Erfolg.

Bloß torffrei muss die Erde bei mir sein. Da lässt mein ökologisches Gewissen keine Kompromisse zu. Um mich in meinem Garten zu erfreuen, sollen keine wertvollen Moorlandschaften verschwinden. Das erscheint mir überhaupt nicht verhältnismäßig. Glücklicherweise sind die Erdsäcke bei uns im Handel inzwischen gut angeschrieben, so dass dam auf einen Blick die Topferde erkennt, die Torf enthält, und sie entsprechend leicht vermeiden kann. Schwieriger ist es hingegen bei Pflanzen, die aus dem Ausland importiert worden sind.

Torfabbau

Der Torfabbau vernichtet wertvolle, wasserspeichernde Moorflächen, die eine wichtige Rolle im Ökosystem spielen. Durch den Abbau werden große Mengen CO_2 freigesetzt, was den Klimawandel weiter verstärkt. Für Pflanzsubstrate in Gärten, Balkonkästen und Topfkulturen ist Torf jedoch nicht notwendig, da es umweltfreundlichere Alternativen gibt, die genauso gut geeignet sind.

Gärtnern ohne Torf

Gärtnern ohne Torf ist keine neue Erfindung, sondern eine altbewährte Praxis, die den Einsatz von regionalem Kompost, Rindenhumus und Holzfasern fördert. Diese Vorgehensweise unterstützt eine sinnvolle Kreislaufwirtschaft und stärkt die Kaufkraft in der Region. Gleichzeitig hilft sie, wertvolle Moore zu erhalten, die als einzigartige Lebensräume für seltene Pflanzen und Tiere dienen. Torffreies Gärtnern trägt zudem zum Hochwasser-, Natur-, Arten- und Klimaschutz bei, indem es Moore als wichtige Wasserspeicher bewahrt und ihre Rolle als prägende Elemente der Landschaft schützt.

Unterschiede torffreier Erden zu torfhaltigen Blumenerden

Torffreie Erdsubstrate unterscheiden sich in ihrer Struktur oft durch die Anteile an Kompost und Holz- oder Kokosfasern, was ihnen eine gröbere und wechselnde Textur verleiht – im Gegensatz zu den einheitlicheren Torfhaltigen Blumenerden. Diese Unterschiede stellen jedoch keinen Mangel dar. Torffreie Erden können aufgrund des Kompostanteils auch schwerer sein als Torfsubstrate. In Blumenkästen und Pflanzgefäßen sorgt das für eine höhere Standfestigkeit, besonders bei windigen Bedingungen, wodurch die Pflanzen nicht so leicht umfallen. Da torffreie Erden teurere Rohstoffe und heimische Arbeitskräfte erfordern, sind sie in der Regel kostspieliger als Billigblumenerden aus Torf.

EINJÄHRIGE PFLANZEN, DIE AUS SAMEN GEZOGEN WERDEN KÖNNEN (UND MEHRWERT BESITZEN):

- Schmuckkörbchen (*Cosmea bipinnatus*) → auch wenn sie bei mir nicht will, rate ich dir, dich an dieser Schönheit zu versuchen, bienenfreundlich
- Fleißiges Lieschen (*Impatiens walleriana*) → wirkt auf manche altbacken, ist aber unschlagbar als Schattenbepflanzung für eine Saison
- Ringelblume (*Calendula officinalis*) → bildet eine natürliche Abwehr gegen Nematoden (schädliche Wurzelälchen) und hilft den befallenen Boden wieder nutzbar zu machen, bienenfreundlich
- Kapuzinerkresse (*Tropaeolum majus*) → Blätter, Blüten und Samen sind essbar und erinnern mit ihrem leicht pfeffrigen Geschmack an Brunnenkresse, bienenfreundlich
- Hornveilchen (*Viola cornuta*) → bieten Farbe von Herbst bis in den kommenden Sommer hinein, bienenfreundlich
- Sonnenblumen (*Helianthus annuus*) → bietet reichlich Pollen für Insekten sowie im Herbst Samen für Vögel
- Zinnien (*Zinnia elegans*) → farbenfrohe und bienenfreundliche Schnittblume

wieder auf eine angenehme Größe zu reduzieren. Und dabei noch an mehr Pflanzen zu kommen. Alles gratis.

Wenn die Pflanze mehr als einen Trieb hat und Wurzeln, die an ein Geflecht erinnern, kann ein Versuch gewagt werden. Grabe dazu die Pflanze ganz aus. Am besten im Frühling, kurz vor oder nach dem Austrieb. So kannst du anhand der Knospen oder jungen Triebe erkennen, wo die Staude austreiben wird. Jedes Teilstück sollte nämlich mindestens ein «Auge» haben. Besser sind natürlich mehrere. Du kannst die Pflanze auch im Herbst teilen, wenn sie in ihre Ruhephase gegangen ist. Davor würde ich sie aber sicher zurückschneiden. Sonst wird das Reißen mühsam. Wenn es gar nicht anders geht, kannst du natürlich auch im Sommer die Pflanzen teilen. Das tut ihnen halt einfach nicht gut. Du störst sie in ihrer wichtigsten Zeit.

Statt Reißen kannst du die Wurzelballen deiner Stauden auch mit Schaufel, Hacke oder Gabeln teilen. Alles ist möglich. Es braucht ein wenig Überwindung. Aber vertraue mir, insbesondere Stauden vertragen unheimlich viel.

Selbstgezogene Pflanzen und liebevoll gestaltete Samentütchen sind immer tolle Mitbringsel für Besuche, Geburtstage oder Weihnachten. Solange der oder die Beschenkte auch so pflanzenbegeistert ist wie du. Oder vielleicht lässt sich auf diesem Wege auch jemand neu für unser Hobby gewinnen? Auf alle Fälle ist es persönlich, nachhaltig und günstig. Drei Argumente die für mich immer ziehen. Diese Geschenkideen lassen sich auch mit Kindern umsetzen. Tontöpfe können bemalt und Samencouverts verziert werden. So können sie gleichzeitig Geschenke basteln und bestenfalls für die Pflanzenwelt begeistert werden.

AUF GEHT'S!

So, das Schlimmste hätten wir schon einmal aus dem Weg. Wir Mitteleuropäer (und ich als Schweizer im Speziellen) reden ja nicht gerne übers Geld. Aber mit diesen Tipps im Hinterkopf, kannst du nun echt entspannt im Garten starten. Die Aussage, dass dein Budget einfach zu klein ist um etwas Rechtes aus deinem Garten zu machen, kann dich nicht mehr erdrücken.

Lass dich von irgendwelchen Modeerscheinungen in den sozialen Medien inspirieren, aber nicht knechten. Zücke nicht sofort das Portemonnaie oder die Kreditkarte. Sobald etwas in dir das Gefühl weckt, dass du diese Pflanze oder jenes Gartenwerkzeug dringend haben musst, solltest du dich kurz hinsetzen und tief durchatmen. Du wirst schnell realisieren, das es wahrscheinlich auch ohne geht. Ich meine natürlich die Pflanze oder das innovative Werkzeug. Atmen sollst du natürlich weiterhin. Sonst wird es mit dem Gärtnern nichts.

Auf Social Media wird immer wieder von hausgemachtem Dünger geschwärmt. Da werden zum Beispiel Bananen- oder Kartoffelschalen geschnippelt und tagelang in Wasser eingelegt. Damit gedüngt, sollen Pflanzen zu Höchstform auflaufen. User und Gärtner streiten sich allerdings über die Wirksamkeit solcher «Hausdünger». Es erscheint mir besser, alles – wenn du die Möglichkeit hast – zu kompostieren. Das ergibt dann mit Sicherheit einen effektiven Dünger für deine Pflanzen. Ohne große Vorarbeit mit Schnippeln und so. Dem Kompostieren ist in diesem Buch ein eigenes Kapitel gewidmet (siehe Seite 45).

Die Liste könnte beliebig verlängert werden. Sei kreativ und verwende zuerst einmal das, was du bereits im Haushalt oder Schuppen zur Hand hast. Das ist für den Geldbeutel und die Umwelt. Doch genug der Grundsätze. Und nun endlich die Hände in die Erde gesteckt, los geht's! Dort unten sind sie genau richtig für das nächste große Gartenthema. Wo wachsen Pflanzen? Genau. Im Boden. Wie dieser gesund bleibt und uns mit prächtigen Blumen und Gemüse versorgt, kommt im nächsten Kapitel. ○

WIE KOMPOSTIERE ICH RICHTIG?

Kompostieren kann religiöse Züge annehmen. Es gibt wohl doppelt so viele Meinungen über das korrekte Kompostieren, wie Komposthaufen auf der Welt, und die meisten Meinungen widersprechen sich. Da mache ich nicht mit. In diesem Kapitel zeige ich dir ein paar Kniffe zum Kompostieren. Damit kannst du selbst herausfinden, was für dich «richtig» ist.

Kompost entsteht mit und ohne unser Zutun. Er gehört zum ewigen Kreislauf des Werdens und Vergehens: Asche zu Asche, Staub zu Staub. Ich bin der Meinung beim Kompostieren geht es nicht um einen 10-Punkteplan, sondern um einen simplen Grundsatz. Ich schreibe dieses Kapitel für alle Faulen und Gestressten. Da gehöre ich auch dazu: Ich will nicht nach einem fixen Plan unzählige Male den Kompost umschichten. Ich will nicht bei jedem bisschen organischen Abfall überlegen müssen, ob es nun auf den Haufen darf oder nicht. Ich will einfach am Ende Kompost oder mindestens ein wenig Mulchmaterial – das Aussehen ist mir Wurst. Hier mein Kompost Grundsatz:

«Was kommt alles auf den Kompost? Alles, was mal *gelebt* hat.»

Diese Antwort ist grundsätzlich richtig und ein guter Merksatz. Pflanzenteile aller Arten dürfen auf den Kompost. Die Mischung ist wichtiger als das «was». Was mir immer geholfen hat, ist die Unterscheidung in braune und grüne Bestandteile. Die Braunen bezeichnen Äste, Späne, trockenes Laub, Staudenrückschnitt und alles andere, was trocken ist und tendenziell härter. Das bedeutet, dieser Anteil verrottet langsamer. Der grüne Teil ist alles Material, das mehr Feuchtigkeit besitzt: Grasschnitt, Küchenabfälle, grüner Rückschnitt, frisches Laub. Diese Dinge verrotten schneller.

Ein Mix zwischen Braun und Grün: mische die verschiedenen Anteile auf deinem Haufen. Du musst sie nicht gleich mit der Kelle umrühren. Es reicht, wenn du sie abwechselnd aufeinander schichtest. Damit «fütterst» du die Tierchen und Organismen mit den grünen Materialien, während du mit dem braunen Anteil Lockerheit, Struktur und Luft in die Mischung bringst. Sonst pappt dein Kompost aufeinander, wird glitschig und fängt an zu stinken.

Gerade die Kompostbehälter aus Plastik fermentieren eher den Rasenschnitt, statt ihn in Erde zu verwandeln – vor allem, wenn du eine ganze Menge reinpackst. Die grüne Pampe stinkt gewaltig und ist auch nicht schön anzusehen.

Du kannst deiner Nase vertrauen. Wenn der Kompost stinkt, musst du ihn auflockern, sprich umschichten oder braunes Material untermischen – «rühren» ist nun angesagt. Beides ist mühsam. Meistens hast du genau dann keine braunen Bestandteile zur Hand, wenn du sie brauchst. Und das Umschichten ist Arbeit. Ich brauche wohl auch nicht zu erwähnen, dass die Kompostbehälter aus Plastik schlecht für die Belüftung sind?

Braune Bestandteile brauchen lange, bis sie abgebaut sind. Je kleiner die Stücke, desto besser und schneller geht die Kompostierung. Wir besitzen nicht alle einen Häcksler, nicht wahr? Du kannst die Äste und Co. auch mit einer Gartenschere zerkleinern, bevor du sie auf den Kompost wirfst. Hier siehst du die Parallele zum Mulchen.

Grüne Bestandteile dürfen auch etwas größer sein. Das behindert die Kompostierung kaum. Meiner Erfahrung nach ist die Kompostierung in 1–2 Jahren abgeschlossen. Kälte und Trockenheit verlangsamen den Prozess. Würdest du in den Tropen leben, wäre der Kompost schon in einigen Monaten bereit. Die konstante Wärme und Feuchtigkeit lassen die Pflanzenteile im Nu verrotten. Es macht durchaus Sinn, wenn du deinen Kompost wässerst, sollte dieser zu trocken sein.

→ Bei genügend Platz unbedingt anzulegen: der Komposthaufen. Dank ihm haben wir gratis Dünger im Garten und eine gesunde, funktionstüchtige Bodenfauna.

«Es halten sich hartnäckig Gerüchte über Dinge, die *auf keinen Fall* in den Kompost gehören.»

GRÜN UND BRAUN

Wenn du bis hierhin gelesen hast, weißt du eigentlich genug über den Kompost. Du könntest eigentlich schon loslegen. Ich schreibe nur deshalb weiter, weil ich schon unzählige Gespräche über «Was gehört auf den Kompost» geführt habe.

Es halten sich hartnäckig Gerüchte über Dinge, die auf keinen Fall in den Kompost gehören. Manche Gerüchte möchte ich hier bestätigen, andere entkräftigen. Ich spreche hier aus der Erfahrung eines Hobbygärtners, der sich mit dem Thema beschäftigt hat. Es kann sein, dass deine Region kälter, feuchter oder trockener ist. Ich möchte dich ermutigen herauszufinden, was in deiner Region funktioniert und was bei dir der richtige Mix zwischen Braun und Grün ist.

DAS GEHÖRT NICHT AUF DEN KOMPOST

- Gekochte Essensreste, Fleisch (das zieht Ratten und Füchse an – bei aller Liebe zur Biodiversität, diese Besucher möchte ich nicht in meinem Garten)
- Der Inhalt des Staubsaugers (die Kunstfasern aus Kissen, Teppichen und mehr bauen sich nicht ab und bleiben als Mikroplastik in der Natur)
- Unkraut mit keimfähigen Samen oder solches, das sich vegetativ* vermehrt, wie Kriechender Hahnenfuß oder Oxalis (den Kompost stört es nicht, allerdings wird er zur Brutstätte von Unkraut – daran hast du wahrscheinlich weniger Freude)
- Hundekot, Katzenstreu, Windeln (Parasiten verbreiten sich durch Kot und Windeln enthalten Plastik)

**Vegetative Vermehrung* heißt, dass es nur ein kleines Pflanzen oder Wurzelstückchen braucht, damit aus diesem eine neue Pflanze wachsen kann.

↘ Kunstvoll anzuschauen und wahres Gärtnergold: ein Häufchen Regenwurmkot.

Wenn dir diese Liste zu kurz ist, möchte ich dich wieder an das Anfangszitat verweisen: Auf den Kompost gehört alles, was mal gelebt hat.

→ Nach kurzer Zeit werden die Bananenschalenstücke braun und schwarz. Dann fallen sie nicht mehr so ins Auge und der Zersetzungsprozess kann beginnen.

WAS IST MIT ZITRUS- UND BANANENSCHALEN SOWIE SCHNITTBLUMEN?

- Zitrus- und Bananenschalen sind ein beliebtes Kompoststreitthema. Doch sie sind kein Problem. Im Zweifelsfall kannst du sie zerkleinern.
- Schnittblumen: Kein Problem, unbedingt allfällige Plastikschnüre und/oder Deko aus nicht natürlichen Materialien entfernen.

Hin und wieder äußern Leute Bedenken wegen Spritzmitteln an den Zitrus und Bananenschadel resp. den Schnittblumen. Manche Quellen sprechen davon, dass diese Stoffe sich schnell und ohne Probleme abbauen. Andere raten dazu, Schalen und Blumen im Kehricht zu entsorgen, außer sie wurden in Bio-Qualität gekauft. Wenn du dir darüber Gedanken machst, ermutige ich dich, dich zwecks Entscheidungsfindung weiter darüber zu informieren.

WIE STEHT'S MIT PAPIER ODER KARTON?

Ob Papier und Karton auf den Kompost gehören, wird immer wieder kontrovers diskutiert. Grundsätzlich verrottet Papier und Karton. Schließlich besteht es aus Zellulose, also aus Pflanzenmaterial. Teebeutel und Kaffeesatzfilter sehe ich nicht als problematisch an – solange dem Papier nicht Plastik hinzugefügt wurde. Durch den Einfluss Großbritanniens auf die Gartenszene werden immer wieder Blogger oder Magazine von den Inseln zitiert, die dazu raten, Papier und Karton großzügig zu kompostieren. Wir sollten uns vor Augen halten, dass es in vielen Gemeinden Großbritanniens keine Altpapiersammlung gibt. Anstatt dort das Material auf den Mülldeponien zu entsorgen, ist der Garten selbstverständlich die bessere Alternative. Solltest du jedoch Zugang zu einem funktionierenden Papier- und Kartonrecycling haben, rate ich dir davon ab. Und plastifiziertes Papier und Karton gehören sowieso nicht auf den Komposthaufen. In kleinen Mengen, zum Beispiel in der Verwendung als Anzuchttöpfe, ist Zeitungspapier hingegen problemlos. Die Zeiten, in denen Druckerschwärze giftig war und Blei enthielt, ist lange vorbei. Auch brauner oder grauer, unbedruckter Karton ist unbedenklich. Der verwendete Leim basiert auf einer Stärkebasis und ist abbaubar. Unbedruckten Karton kannst du in Notfällen zum Kompost geben, wenn du zu wenig braune Materialien hast und der Kompost zu nass ist. Der in kleinere Fetzen zerrissene Karton saugt die übermässige Feuchtigkeit auf. Er baut sich danach schnell ab, weil besonders Regenwürmer ihn gerne verspeisen.

Wie verwende ich den Kompost? Er wird in Gemüsegarten und den Blumenbeeten flächig verteilt. Da ich ein großer Fan der NO-DIG Methode bin, wird er nicht oder kaum in den Boden eingearbeitet.

Hast du's gemerkt? Den Teil übers Umschichten – von einem Kompost zum anderen, im Wandel der Jahreszeiten und was weiß ich – habe ich geflissentlich ausgelassen. Das war Absicht. Mach dir nicht zu viel Arbeit. Du hast sonst schon genug im Garten zu tun. Fühl dich frei, faul zu sein.

WANN IST DER KOMPOST FERTIG?

Beobachte deinen Kompost. Was macht er? Sinkt er ab? Wie riecht er? Wenn du dir nicht sicher bist, ob er reif ist, versuch's einfach mal an einer Ecke. Wenn du zu früh dran bist, hast du eben sogenannten «halbreifen» Kompost. Der ist, wie der Name sagt, noch nicht ganz fertig, lässt sich aber wunderbar als Mulch verwenden. Dort kann er dann in Kürze noch ganz verrotten.

Richtig «reifen» Kompost kannst du auch als Topferde nutzen. Dazu musst du ihn erst sieben, um ihn von groben Stücken zu befreien. Ich rate dir so oder so, deine Komposternte als Mulch zu nutzen. Dann musst du ihn nämlich gar nicht erst sieben. So verbesserst du deinen Boden langfristig und fütterst die Regenwürmer und alle ihre Freunde. Das ist die einfachere Methode. Lass die Arbeit von den anderen erledigen.

Auch Schnecken sind beim Kompostieren nützlich. Sie stürzen sich auf alte, weiche und welke Pflanzenteile, die sie durch ihre Ausscheidungen in Erde verwandeln. Eine Schnecke ist vielleicht im Gemüsebeet nicht willkommen, hilft aber auf dem Komposthaufen. Wieder einmal mehr ist der Garten und seine Bewohner nicht einfach in schwarz und weiß, gut und böse zu unterteilen. Die Grauzone ist riesig. Es wird von uns Hobbygärtnerinnen und -gärtnern einiges an Differenzierung abverlangt.

→ Ein Garten-Klassiker ist einen Kürbis (oder mehrere, das hängt von den Platzverhältnissen ab) auf dem Kompost zu ziehen. Auch bei uns ist das der Fall. Er liebt die nährstoffreiche Umgebung und beschattet den Komposthaufen mit seinen Blättern. Das hilft beim Verrotten.

→ Umgegraben wird bei mir gar nichts mehr. Aber dafür alles Mögliche gesammelt, das als Mulch verwendet werden kann – wie der Teesatz im Bild.

«Beobachte deinen Kompost.»

NO-DIG METHODE

Der Begriff stammt aus dem Englischen und bedeutet «nicht umgraben». Wörtlich geht es also um ein *Nichtumgraben* in den Beeten. Dahinter steckt die Idee, dass Beete angelegt werden können, ohne dabei den Boden großflächig umzugraben. Dadurch können die Struktur des Gartenbodens erhalten und das Bodenleben ungestört bleiben.

Ein NO-DIG-Beet wird jährlich fortlaufend mit Kompost und Grünschnitt bedeckt – wann immer dieser anfällt. Die Bestandteile davon werden nach und nach von Mikroorganismen umgesetzt, wodurch Nährstoffe freigesetzt werden und fruchtbarer Humus entsteht. Durch die Kompostierung vor Ort in der obersten Erdschicht wird außerdem Wärme erzeugt, die das Wachstum der Pflanzen im NO-DIG-Beet unterstützt und damit die Ernteerträge erhöht.

Vorteile von NO-DIG:

- Schonung und Förderung des Bodenlebens, das hilft, den Boden fruchtbar zu machen helfen
- Sehr gute Wasserspeicherkapazität nach mehrjähriger Nutzung
- Weniger körperlich anstrengende Arbeiten
- Unterdrückung des Unkrautwachstums
- Höhere Bodenfruchtbarkeit, weil Humus entsteht
- Ertragssteigerung durch Erwärmung des Beetes aufgrund von biologischer Aktivität
- Besonders gut für anspruchsvolle Pflanzen mit großem Nährstoffbedarf (Starkzehrer) wie Kohl oder Zucchini

Wie starte ich NO-DIG?

Erstelle oder erweitere vorhandene Beete, indem du Gras und/oder Beikraut, das vor Ort bereits wächst, mit einer doppelten Lage Karton bedeckst und mit Mulch beschwerst. Schaue darauf, dass es sich nur um grauen oder braunen Karton handelt. Er darf auf keinen Fall plastifiziert sein. Entferne auch Klebebandreste, Etiketten und Ähnliches unbedingt! Das verrottet alles nicht und bringt nur mehr Mikroplastik in den Boden. Beschwere den Karton, indem du eine dicke Mulchschicht (10–15 cm organisches Material, wie zum Beispiel Kompost) darauf aufträgst. Besonders gut eignen sich zudem Laub, gehäckselte Äste oder gut getrockneter Rasenschnitt. Wenn du das Beet sofort bepflanzen möchtest, befeuchte den Karton, bevor du den Mulch darauf aufträgst. So beginnt er schneller zu verrotten, und die Pflanzen können sich leichter verwurzeln.

Auch ein NO-DIG Beet will Pflege

Das NO-DIG Beet wird oft als unkrautärmer beschrieben, da die Pflanzen unter dem Beet durch die Abdeckung mit Karton (oder auch mehreren Schichten Zeitungspapier) bei der Erstellung unterdrückt werden. Natürlich können aber von den Seiten stets Beikräuter ins Beet wachsen und sich dort festsetzen. Auch Samen werden von außen immer wieder auf die Fläche getragen. Daher gehört Jäten immer zur Pflege des NO-DIG Beetes – das geht jedoch dank der lockeren Mulchschicht meist leichter von der Hand.

Gerade in den ersten Jahren benötigt das NO-DIG Beet oft noch viel Wasser, da sich die dicke, wasserspeichernde Humusschicht erst zu bilden beginnt. Gieße darum das Beet gelegentlich, wenn du mit der Fingerprobe festgestellt hast, dass es sehr trocken ist, oder wenn die Pflanzen ihre Köpfe hängen lassen.

Gehackt wird im NO-DIG Beet nur etwa 3 cm tief, um das Bodenleben nicht zu stören. Und nur wenn unbedingt nötig. Besser ist es, eine schützende Mulchschicht rings um die Pflanzen zu verteilen und gelegentlich Unkräuter von Hand aus dem Boden zu ziehen.

→ Pflanzliche Überreste sollten so wenig wie möglich den heimischen Garten verlassen und lieber wieder in den organischen Kreislauf geführt werden.

«Eine gute Kompostierung ist kein Hexenwerk. Im *Gegenteil.*»

GETIER IM KOMPOST

Ein Kompost ist ein Ökosystem für allerhand Getier. Solltest du in deinem fertigen Kompost Engerlinge finden, sind es mit Sicherheit Rosenkäfer und keine Maikäfer. Maikäfer-Engerlinge ernähren sich nämlich von lebenden Pflanzenwurzeln. Und die werden sich kaum in deinem Kompost befinden. Die Rosenkäfer-Engerlinge nützen dir, weil sie sich von toten Pflanzenmaterialen ernähren und somit keinen Schaden anrichten. Sie sind ein wichtiger Teil des Verottens.

Komposthaufen sind auch wahre Speisekammern für Vögel, denn hier lebt und überwintert eine große Vielzahl an Spinnen, Würmern, Raupen, Larven von Käfern und anderen Insekten. Wenn du also deinen Kompost doch umsetzen (umschichten, umgraben) möchtest, mach das nie im Winter, sondern warte damit bis zum Frühsommer ab. Denn im Frühling brüten viele Vögel, die auf dieses tierische Buffet angewiesen sind.

Reptilien und Igel nutzen Komposthaufen gerne als Schlecht-Wetter-Quartier, da durch die biologischen Abbauprozesse im Inneren höhere Temperaturen herrschen.

FAZIT

Eine gute Kompostierung ist kein Hexenwerk. Im Gegenteil, kaum etwas ist natürlicher als das. Vielleicht sehe ich das Ganze zu einfach. Es ist mir allerdings ein Anliegen, dass alle Gärtnerinnen und Gärtner sich einen Kompost zutrauen. Ohne Schnickschnack, Kompoststarter und einem hippen Behälter fürs Material. Der gute alte Drahtkomposter tut's immer noch. Manchmal ist weniger mehr. Oder wenigstens genug.

Lege deinen Kompost wenn möglich an einem schattigen oder halbschattigen Ort an, denn viele der ihn bewohnenden Organismen sind lichtscheu und der Kompost ist dort am besten vor Austrocknung geschützt. Der Kompost darf nie luftdicht abgeschlossen werden – im Unterschied zum Bokashi-Eimer –, da die zersetzenden Organismen für ihre Arbeit auf Sauerstoff angewiesen sind. ○

RASEN ODER WIESE?

Der eigene Rasen ist zum Statussymbol mutiert. Vielen geht es nicht mehr um das Gärtnern an sich oder die Freude an Pflanzen. Der Nachbar soll wegen meinem akkurat geschnittenen, sattgrünen Teppich neidisch werden und zwar das ganze Jahr über. Aber Rasen kann auch anders. Vielfältig und verspielt, mit weniger Stress und Arbeit. Du musst dich bloß von diesem Wettbewerb lösen und dich darauf fokussieren, was dir selbst gefällt.

Ich muss dir ein Geständnis machen: Ich mag Rasen nicht. Mir ist so ein englischer Rasen, so ein übergepflegtes und manikürtiertes Grün einfach zu langweilig. Eine grüne Wüste ohne Vielfalt, ohne Leben – und viel zu aufwändig in der Pflege.

Wenn es dir auch so geht, oder du einfach genug vom arbeitsintensiven Rasen hast, ist dieses Kapitel genau für dich. Ich zeige dir, wie du dir das Leben einfacher machen kannst. Ganz nebenbei tust du der Natur Gutes und dein Garten wird bunter.

Wieso möchtest du einen Rasen? Oder wieso hast du dich für eine Wiese entschieden? Halte einen Moment inne und frage dich: Was brauche ich eigentlich?

«Mir ist so ein englischer Rasen, so ein *übergepflegtes* und manikürtiertes Grün zu langweilig.»

→ Viele von uns haben eine kleine Wiesen- oder Rasenfläche. Bloß was machen wir daraus?

WAS SIND MEINE BEDÜRFNISSE?

Meine Frau und ich haben keine Kinder. Wir brauchen keine große Rasenfläche als Spielwiese. Wir sind auch beide keine großen Fußballfans. Gut, ehrlich gesagt hätten wir gar nicht genug Platz für ein Fußballfeld. Aber ich glaube, du weißt schon, worauf ich hinauswill. Du musst wissen wozu einen Rasen willst, wenn es denn einer sein soll. Sonst machst du dir mit dem ganzen Mähen nur unnötig Arbeit. Eine Wiese ist praktisch, wenn du Heu für Kaninchen oder ein Schaf brauchst. Wenn du genügend Platz hast, kannst du eine Rasenfläche mähen, wie auch eine Wiese stehen lassen. Wir gehen gerne in unserem Garten flanieren – wir freuen uns an den Blumen, Insekten und Vögel. Darum lassen wir die Wiese stehen und mähen darum herum einen Rasenstreifen, der uns als Weg dient. Auf dem Wiesenfleck dürfen das Gras und die Blumen wachsen. Und zwar bis ca. Mitte Juni. Wenn die Narzissen und Krokusse verblüht sind, verdeckt die Wiese deren einziehende Blätter.

Die Wiese wird so zu einem Eldorado für die Insekten – Grillen, Grashüpfer, Wanzen, Wildbienen und vieles mehr. Wenn die Zeit gekommen ist, schnappe ich mir die —

→ Eine Wiese erholt sich von vielen Rückschlägen immer wieder. Nicht nur das Mähen, sondern auch längere Trockenheiten können ihr nichts anhaben.

→ Trockene Gräser bedeuten parado--xerweise mehr Feuchtigkeit im Boden. Die Verdunstung wird durch langes Gras gesenkt.

«Je *weniger* du mähst, desto toller finden es die Insekten.»

Sense. Das Mähgerät ist ein Erbstück des Urgroßvaters meiner Frau. Mein Schwung ist weder geübt noch perfekt, aber das Mähen macht mir Freude. Für alle, die das noch nie gemacht haben, kann ich sagen, das ist ein wahres Workout für die Rumpfmuskulatur. Und dazu CO_2-neutral und ohne Lärm.

Das Heu lassen wir trocknen und bringen es den Kaninchen unserer Bekannten vorbei. Solange die Wiese kurz ist, nutzen wir sie für Boccia-Turniere. In manchen Jahren haben wir nach dem ersten Schnitt die Wiese bis zum Ende der Saison kurz gehalten. Inzwischen lassen wir sie nochmals hochwachsen und mähen sie ein zweites Mal, ca. Ende Oktober mit der Sense. Auch dieser Schnitt kommt den Kaninchen zugute und beschert mir eine Fitnesseinheit. Es geht bei uns auf dem Grün im Jahresverlauf also richtig multifunktional zu und her.

Den Wiesenschnitt kannst du auch als Mulch oder für den Aufbau deines Hochbeets nutzen. Statt rundherum kannst du auch gemähte Wege durch die Wiese führen. Oder du mähst mitten in der Wiese einen Platz für Tisch und Sonnenschirm. Deiner Fantasie sind keine Grenzen gesetzt, um deinen Garten in ein Naherholungsgebiet zu verwandeln.

Sobald du weißt, wofür du eine Wiese oder einen Rasen brauchst, gibt es kein «richtig» oder «falsch». Unsere Wiese ist auf meine Frau Sara und mich abgestimmt. Dein Rasen sollst du auf deine Bedürfnisse und die deiner Familie abgestimmt sein.

WIE WICHTIG IST MIR DIE BIODIVERSITÄT?

Je weniger du mähst, desto toller finden es die Insekten und sonstigen Wiesenbewohner. Du möchtest ja auch nicht dauernd in deinen vier Wänden gestört werden. Aber interessanterweise sind Wiesen und Weiden (und somit auch der Rasen) ein Ökosystem, das ohne Störung – also abweiden oder abschneiden der Pflanzen – nicht auskommt. Sonst würde alles verbuschen und sich nach Jahren in einen Wald verwandeln. Die Devise für eine artenreiche Wiese ist also «so viel wie nötig und so wenig wie möglich». Damit ist der Natur gedient.

Auch hier musst du dir aber kein schlechtes Gewissen machen, wenn du zum Beispiel für die Kinder ein Fußballfeld mähen willst oder gerne mit deinem Partner auf der kurz geschnittenen Wiese picknickst. Auch ein kurz geschnittener Rasen kann artenreich sein, solange du nicht manisch gegen jedes Kleeblatt, Gänseblümchen oder den Löwenzahn vorgehst. Wenn du diese gewähren lässt und keine Herbizide nutzt, bekommst du einen «Blumenrasen». Der sieht schön aus und ist besser für deine Gesundheit.

Machst du dir Sorgen wegen der Bienen? Das ist verständlich, wenn du eine Allergie hast. Aber mal ehrlich, wie oft hat dich in deinem Leben eine Biene gestochen? Ich bin ein passionierter Barfußläufer und kann mich nur an zweimal erinnern. Wenn du nicht allergisch auf Bienenstiche reagierst, kannst du für dich einen Blumenrasen in Erwägung ziehen. Möchtest du dennoch kein Risiko eingehen, so mähe den Rasen, bevor die Blumen blühen. Der Mähroboter kriegen das am besten hin.

Der wichtigste Punkt ist aber, Herbizide, Pestizide und Kunstdünger wegzulassen. Ohne diese chemischen Helfer können deine Wiese und ihre Bewohner wieder aufatmen. Die chemischen Produkte haben Folgen für uns Menschen und die Gesundheit. Also lieber ein unperfekter Rasen als ein ungesunder.

ES MUSS KEINE MAGERWIESE SEIN

Es hält sich hartnäckig in den Köpfen der Leute, dass nur eine bunte Magerwiese ökologisch wertvoll sei. Dann wird mit viel Aufwand der Boden abgemagert, sprich die oberste Bodenschicht abgetragen und mit magerem, steinigem Substrat ersetzt. Das finde ich persönlich weder nachhaltig noch sinnvoll. Auch auf einem fetten Boden wachsen Blumen: Margeriten, Hahnenfuß oder Löwenzahn zum Beispiel. Das findest du jetzt wahrscheinlich nicht gerade die ansprechendste Aufzählung – zu gewöhnlich. Schau aber beim nächsten Mal genau hin, was sich alles in den Margeritenblüten tummelt. Die heimische Hahnenfußbiene ist auf den Pollen eben dieser Pflanze angewiesen und der Löwenzahn ist Manna für die Honigbienen und allerhand

→ Ein Traum von Blüten wie aus Krepppapier und Seide. Aber leider nicht sehr durchsetzungsstark. Gerade der Klatschmohn (*Papaver rhoeas*, rechts im Bild) würde sich super in der Wiese machen. Was aber leider auf die Dauer nicht funktioniert.

weitere Insekten. Wir müssen uns unbedingt wieder daran erinnern, dass jeder Lebensraum wertvoll ist. Tiere und Pflanzen brauchen unterschiedliche Lebensräume.

Prinzipiell lässt sich fast überall ein kleines Stück Blumenwiese anlegen. Oft reicht es schon aus, auf Düngung zu verzichten und die Flächen nur noch ein- bis zweimal im Jahr zu mähen. Bei einer Neuanlage aber sollte der Boden grundsätzlich vorher umgegraben werden. Dies gilt besonders dann, wenn der Boden nach Bauarbeiten verdichtet ist. Auch größere Wurzelstöcke und Ausläufer entfernt man besser aus der Erde. Ackerkratzdisteln, Quecken und Brombeeren zum Beispiel sind zähe Überlebenskämpfer und können eine frisch angesäte Wiese recht schnell wieder zuwuchern und dominieren.

Vielfach wird die Ackerbegleitflora (Kornblumen, Klatschmohn, Kornrade und Co.) als gewünschter Bestandteil einer Wiese angesehen. Diese Arten sind Pioniere. Das heißt, sie sind die ersten, die auf einer kargen Fläche wachsen. Aber sie können sich schlecht gegen Konkurrenz durchsetzen und verschwinden schnell wieder.

Manchmal reißt ein heißer und trockener Sommer die Grassnarbe auf. Das findet der Klatschmohn toll. So hatten wir auch schon einzelne Mohnblüten mitten auf der hohen Wiese. Sobald aber alles wieder zuwächst, ist der Zauber vorbei. —

↘ Eine Wiese, die lange stehen gelassen wird, ist ein Eldorado für allerhand Lebewesen. Es braucht ein wenig Überwindung, sie lange zum Absamen stehen zu lassen. Aber es lohnt sich!

→ Eine Augenweide nach den Wintermonaten. Und eine Nektar-Tankstelle für frühfliegende Insekten.

MEHR FARBE IM FRÜHLING

- Krokusse sind meine Lieblinge. Du kannst ihre Zwiebeln relativ günstig erstehen. Werfe sie überall dorthin in die Wiese, wo du sie im Frühling haben möchtest. Pflanze die Krokusse dort ein, wo sie gelandet sind. So erhältst du eine natürlich wirkende Pflanzung. Ich habe bei uns im Garten in einem Herbst auf meinen Knien 90 Zwiebelchen des dalmatinischen oder Elfenkrokus (*Crocus tommasinianus*) verlocht. Es sieht von Jahr zu Jahr besser aus. Denn wenn es ihnen gefällt, vermehren sich Krokusse auch bei dir.
- Osterglocken und andere Narzissen geben ein wunderschönes Bild auf einer hochstehenden Wiese. Vergiss aber nicht, das Laub einziehen zu lassen und es auf keine Fälle zu früh zu mähen. Jede Zwiebelpflanze möchte zuerst den Saft und die Kraft aus den Blättern in die Zwiebel abziehen – für das nächste Jahr.

- Viele Tulpen sind nicht für die Pflanzung in Wiesen geeignet. Als ursprüngliche Bewohner eher karger Regionen, ist es ihnen dort schnell zu gedrängt und feucht. Es gibt aber einige Sorten, die dies tolerieren. Lass dich in der Gärtnerei deines Vertrauens beraten oder scrolle dich mit einer Tasse Tee bewaffnet im Herbst durch den Zwiebelversand im Internet.
- Weitere Zwiebeln zum Verwildern in Wiese und Rasen sind Schneeglöckchen (*Galanthus* sp.), Blausterne (*Scilla* sp.) und Winterlinge (*Eranthis* sp.) – in all ihren Arten und Sorten.

Frühblüher im Rasen sind ein wichtiger Nektar-Boost für allerhand Bestäuber, wenn sonst noch nicht vieles blüht. Auch hier kann die Biodiversität in deinem Garten profitieren. Und zwar ohne großen Aufwand deinerseits. Sind die Zwiebeln einmal gesetzt, kannst du sie getrost sich selbst überlassen.

Neben den klassischen Frühlingszwiebeln, gibt es solche, die ein wenig später, etwa im Juni, blühen. Das wären zum Beispiel die Formen der Holländischen Iris (*Iris hollandica)* und Wildformen der Gladiolen, wie zum Beispiel *Gladiolus communis* ssp. *byzantinus* (Byzantinische Wildgladiole). Auf diese wundervollen Spezies solltest du keinesfalls verzichten. Auch sie sind bei Bienen und Co. beliebt. Ich rate dir aber davon ab, sie in die Wiese zu setzen. Meistens kollidiert die Blütezeit mit dem ersten Wiesenschnitt. Es ist besser, du bewunderst diese Schönheiten in deinen Beeten.

WIEVIEL AUFWAND DARF ES SEIN?

Das kommt darauf an, was dir wichtig ist. So einfach ist das. Du kannst täglich mehrere Stunden im Garten verbringen und den Rasen mit der Nagelschere in Perfektion formvollenden – oder einen bequemeren Weg gehen. Je länger die Grashalme wachsen dürfen, desto weniger anfällig ist deine Wiese bei Trockenheit. Sie spendet sich selbst Schatten und vermindert die Verdunstung von Wasser. Wird die Wiese —

HOCHBEET

Ein Hochbeet erleichtert das Gärtnern, eignet sich perfekt für kleine Gärten, Terrassen oder Balkone und sorgt dank der wärmeren Erde für schnelleres *Pflanzenwachstum*. Es hält Schädlinge besser fern und wird mit der richtigen Befüllung zur nährstoffreichen Gemüseoase.

Die Pflanzfläche liegt bei den meisten Hochbeeten zwischen 70 bis 100 cm über dem Boden. Das bringt folgende Vorteile:

- *Optimale Arbeitshöhe*: Kein Bücken, dein Rücken wird es dir danken.
- *Gärtnern auf engstem Raum*: So kannst du dir den Traum vom eigenen Garten überall verwirklichen.
- *Schnelleres Wachstum*: Hochbeete wärmen sich bei Sonneneinwirkung deutlich schneller auf; dadurch kommt es zu einem rascheren Wachstum der Pflanzen.
- *Weniger Schädlinge*: Schneckenprobleme kannst du leichter in den Griff bekommen
- *Optische Wirkung*: Du kannst mit deinem Hochbeet im Garten Akzente setzen.

So baust du ein Hochbeet auf

Beginne ganz unten mit einer Schicht aus groben Ästen und Zweigen. Schichte darauf gehäckseltes (oder einfach klein geschnittenes) Schnittgut und/oder Wiesenschnitt. Am besten nimmst du dir genügend Zeit, denn du brauchst echt viel Material, um so ein Beet zu befüllen. Das dauert. Aber dafür kannst du deine Garten- und Küchenabfälle einfach nach und nach aufschichten und dir so gleich für eine Weile eine zusätzliche Düngung des Hochbeets sparen. Am Ende kommt eine Mischung aus Erde und reifem Kompost oben drauf. Und zwar soviel, dass du gut Gemüsesetzlinge darin anpflanzen kannst.

Bitte erschrecke nicht, wenn nach einer Saison dein Beet absackt. Das gehört dazu und ist normal. Alles, was du eingefüllt hast, verottet mit der Zeit und ergibt gute Erde. Die braucht aber weniger Platz als der sperrige Gartenabfall. Fülle dein Hochbeet deswegen immer im Winter wieder auf – mit Staudenrückschnitt, Laub und was auch immer. Im Frühling gibst du eine Schlussschicht Kompost darauf und weiter geht's!

Kaufen oder Selber bauen

Hochbeete gibt es inzwischen überall im Handel zu kaufen. Du kannst es aber natürlich auch selber herstellen, wenn du etwas handwerkliches Geschick besitzt. Bauanleitungen finden sich im Internet. Bei den Vorbereitungen zum Selbstbau eines Hochbeets sind folgende Punkte zu beachten:

- Möglichst hellen, ebenen und stabilen Standort wählen.
- Unterseite des Hochbeetes zum Schutz vor Wühlmäusen mit Kaninchendraht auslegen.
- Seitenwände als Feuchtigkeitsbarriere mit Noppenfolie auskleiden.

Rasenschnitt ergibt beim fertigen Hochbeet eine wunderbare Mulchschicht, die beim Verotten sogar noch als Dünger dient. Lege sie aber nicht zu dicht und zu dick um dein Gemüse, um Gerüche und schlechtes Verrotten zu vermeiden.

Ein letzter Tipp

Rhabarber, Kürbis und Zucchini, Rotkohl und Weißkohl sind fürs Hochbeet aufgrund ihrer Größe nicht gut geeignet. Wenn diese Pflanzen wuchern, bleibt für andere nicht genug Platz. Hochwachsende Pflanzen wie Stangenbohnen, Rosenkohl und Staudentomaten sind ebenfalls unvorteilhaft und gedeihen im Flachbeet besser.

trotzdem mal braun, regeneriert sie sich schneller als wenn sie zuvor sehr kurz geschnitten worden ist. Außerdem haben Maikäfer mehr Mühe, in diesem Wirrwarr zu landen. Das hat den Vorteil, dass in solchen Wiesen weniger gefräßige Maikäfer-Engerlinge schlüpfen. Auch Drosseln, Krähen oder Elstern sind lieber auf kurzem Rasen unterwegs – auf der Suche nach Würmern und anderen Leckerbissen. – Du siehst, worauf ich hinaus will. Wieder einmal gibt es kein «richtig» oder «falsch» – du musst dich entscheiden.

Es gibt Leute, die das wöchentliche Rasenmähen für ihre Psychohygiene brauchen. Andere finden das Mähen mit der Sense meditativ – aber dazu brauchst du Übung. Zugegeben, meine Schwünge sind nicht immer so elegant und wirklich entspannt bin ich danach nicht. Aber das wird noch.

EIN BRAUNER RASEN IST NICHT TOT

Auf nasse Sommer folgen trockene Sommer. Die Pflanzen werden ganz schön beansprucht. Das wird vor allem in trockenen Jahren sichtbar: Der Rasen bekommt braune Flecken, bevor er sich völlig braun verfärbt und scheinbar abstirbt. Meist geht es dem Rasen genau dann am schlechtesten, wenn die Behörden das Wässern des Rasens verbieten. Wenn du über Jahre deinen Rasen gehegt und gepflegt hast, ist es hart, dem fortschreitenden Sterben zuzuschauen. Die Versuchung ist groß, trotz Verbotzum Gartenschlauch zu greifen.

Ich möchte dich beruhigen. Dein Rasen ist nicht tot. Nur nicht ganz so schön anzusehen. Sobald es regnet, regenerieren sich die Pflanzen wieder und wachsen bald so schön wie vorher. Wenn du in einer trockenen Region wohnst, können schattenspendende Bäume und Sträucher helfen.

→ Ohne Abmähen würde eine Wiese verbuschen, Bäume und Sträucher würden das Zepter übernehmen.

FAZIT

Wofür du deine Wiese oder Rasen verwenden möchtest, entscheidet schlussendlich darüber, wie du dein Grün anlegen willst. Wenn du zusätzlich auch noch der Biodiversität helfen möchtest, gibt es immer Mittel und Wege, wie wir gesehen haben. Es muss nicht die Blumenwiese aus dem Gartenmagazin sein. Einfach nicht zu pedantisch, bitte. Sonst bringst du dich nur unnötig in Stress. Mich entspannt es ungemein, keinen englischen Rasen pflegen zu müssen. Aber wie auch immer du dich entscheidest: Lege dich unbedingt im Sonnenschein auf das Gras und lass dir genügend Zeit, um die ganzen Geräusche und Lebewesen um dich herum zu genießen. Und das am besten viele Male in der Saison. Das ist die wahre Gartenfreiheit. Jäten kannst du auch später. Oder nie. Ist schließlich dein Garten. Du darfst dir ruhig eine Pause gönnen. Apropos Pause: Soeben habe ich die perfekte Überleitung zum nächsten Kapitel gefunden. ○

«Einfach nicht zu *pedantisch*, bitte.»

MACHT MEIN GARTEN EIGENTLICH

WINTER PAUSE?

Manche Leute sind froh, dürfen sie ein paar Monate Pause von der Gartenarbeit machen. Aber der Garten fährt den Winter über nicht in die Ferien. Er bleibt da und wandelt sich stetig – trotz der kalten Jahreszeit. Für einen ansprechenden und spannenden Winter-Garten, musst du dir erstmal drei Fragen stellen.

Wenn die Stauden verblüht sind und der erste Frost über den Garten zieht, stellen sich viele Gärtner die Frage: Abschneiden oder stehen lassen? Dieses Thema wird so hitzig diskutiert, dass die meisten Hobbygärtnerinnen das Wichtigste gerne vergessen: Nämlich, dass es der Pflanze grundsätzlich egal ist, ob sie geschnitten wird oder nicht – besonders den Stauden.

Schneide ich zum Beispiel einen verwelkten, mehrjährigen Sonnenhut (*Rudbeckia*) im November bodeneben ab, wird er im Frühjahr problemlos wieder austreiben. Die alten Zweige sind tot und nach einer Vegetationsphase für die Pflanze nicht mehr zu gebrauchen. Also treibt sie neu – vom Wurzelstock her – aus.

Schneide ich sie aber nicht zurück, aus welchen Gründen auch immer, werden die brüchigen Triebe über den Winter wegen Schnee, Regen oder Wind früher oder später in Stücken auf dem Boden landen und sich zersetzen. Auch in diesem Fall wird die Pflanze neu austreiben und das Spiel beginnt von vorne. Ich will es provokant ausdrücken: Der Natur ist es schnurzegal, was ich tue – sie findet einen Weg.

Jede Pflanze hat nur eines im Sinn. Sie will sich reproduzieren. Sie will blühen und Samen ansetzen, um für Nachwuchs zu sorgen. So funktioniert's seit Anbeginn der Zeit. Und ob das Ziel vor Winterbeginn nun erreicht wurde oder nicht, jede Mehrjährige legt im Frühling wieder von vorne los.

Aber du als Gärtnerin musst dir im vornherein klar sein, wie dein Garten im Winter sein soll:

- Möchtest du einen aufgeräumten Garten?
- Legst du auch im Winter Wert auf eine ansprechende Bepflanzung?
- Willst du in deinem Garten, Tieren im Winter Schutz und Nahrung bieten?

→ Wenn eine Pflanze unter der Schneelast kollabiert oder durch den Frost matschig wird, kann es sein, dass sie andere Pflanzen bedrängt. Oder sie ist mir schlicht im Weg. Dann greife ich beherzt zur Schere.

Diese Fragen entscheiden über dein Vorgehen im Herbst. Ich habe mich im eigenen Garten damit auseinandergesetzt. Ich kann nicht alles haben – auf alle Fälle nicht in der gleichen Ecke. Aber dazu kommen wir noch. Darum erkläre ich die drei oben erwähnten drei Möglichkeiten im Folgenden etwas genauer.

WAS HEISST «WINTERFEST MACHEN»?

Bevor der große Schnee und die kalten Nächte kommen, machen wir den Garten winterfest und haben rund vier Monate Ruhe vor der Gartenarbeit. Das ist eine weitverbreitete Meinung, die heute noch vermittelt wird.

Doch was soll es eigentlich bedeuten, dieses «winterfest»? So wie ich es verstehe, geht es mehr um ein ästhetisches Prinzip des Aufräumens als um eine hortikulturelle Notwendigkeit. Über Jahrzehnte, ja gar Jahrhunderte, ging es in unserer Gartenkultur darum, der Natur Herr zu werden. —

→ Die Winterhärte des *Eucalyptus gunnii* erstaunt Besucher unseres Gartens immer wieder aufs Neue.

Man verstand es als göttlichen Auftrag, sich die Erde untertan zu machen. Dazu gehörten akkurat bewirtschaftete Gärten, gerade im Winter wollte man kein Durcheinander. Jedes Blättchen wurde aufgenommen, jeder Stängel zerhackt. Bevor die Natur schlief, wurde alles abgeerntet, geschnitten, geschniegelt und geputzt.

Doch ist diese ganze Arbeit notwendig? Ich vertrete die Meinung, dass 95 % aller Pflanzen im Garten ohne irgendwelches Zutun die Wintermonate überleben. Das machen sie seit Ewigkeiten, auch ohne menschliches Zutun. Ob geschnitten oder nicht, gemulcht oder nicht, zugedeckt oder nicht: Der Natur ist es egal. Im Frühling geht es irgendwie weiter.

Was ist mit den restlichen 5 %? Darunter fallen Pflanzen aus wärmeren Klimazonen, die im Winter frieren und eine Decke benötigen. Entweder als Schutz vor Winternässe – wie bei den Sukkulenten – oder als Schutz gegen den Frost, wie bei den mediterranen Pflanzen. Als schützende Decke dienen beispielsweise Tannenzweige oder eine Schicht Laub. Vielleicht schützt du deine Pflanzen auch mit einem Vlies. Diese Form von «winterfest machen» ist in Einzelfällen unumgänglich. Manche Pflanzen überleben den Winter ohne Schutz nicht oder nur mit großen Verlusten. Mit fortschreitendem Klimawandel verschieben sich zudem die Grenzen:

Viele Pflanzen muss ich vor dem Winter nicht mehr schützen, so etwa meine Chinesische Hanfpalme (*Trachycarpus fortuneii*) oder die *Yucca rostrata*.

Welche Pflanzen überleben, findest du beim Beobachten und Experimentieren in deinem Garten heraus. Oder in dem du in der Nachbarschaft schaust, was da so gedeiht. So bekommst du einen Eindruck davon, wie du mit deinem Garten am besten durch die kälteste Zeit kommst und wie das Mikroklima in deiner Region so ist. Ich bin da mit den Jahren immer pragmatischer und bequemer geworden. Eine junge *Fatsia japonica* oder eine spät gepflanzte winterharte Fuchsie (*Fuchsia magellanica*) decke ich vielleicht im ersten Winter nach dem Auspflanzen noch mit einem Tannenzweig oder ein wenig Laub ab. Das sind aber die Ausnahmen.

Was überlebt, darf bleiben und erfreut mich. Alles andere macht Platz für Neues. Von drei Palmensämlingen hat einer überlebt – die anderen sind verfault. Das war nicht weiter dramatisch, weil ich Verluste bei meinen Experimenten einkalkuliere. Dafür stehen jetzt die richtigen Pflanzen am richtigen Platz.

WAS IST EIGENTLICH SPÄTFROST?

↘ Der Frost ist ein zweischneidiges Schwert. So schön es auch aussieht, wenn Pflanzen mit Raureif überzogen sind – für manches können Minusgrade gefährlich werden.

Übrigens: Schnee isoliert gegen Frost. Das größte Problem für empfindliche Pflanzen ist also nicht zwingend Schnee, sondern der Frost an sich. Und mit dem Klimawandel sind Spätfröste ein Problem geworden. Also ein Frost, der nach Beginn der Vegetationsperiode im Frühling auftritt. Die Pflanzen haben dann bereits wegen frühem, warmem Wetter ausgetrieben, aber die zarten Neutriebe haben dem Frost noch nichts entgegenzusetzen. Sie sterben ab und die Pflanzen erholen sich über das Jahr nur noch schwer oder teilweise gar nicht mehr. —

Das führt dann zu:

- Ausfall der Blüte und/oder der Ernte,
- erhöhte Anfälligkeit für Schädlinge und
- unerwünschte Wuchsformen.

Inwiefern dieses vermehrt auftretende Wetterphänomen unsere Gärten und die Pflanzenauswahl in unseren Beeten verändern wird, bleibt abzuwarten. Du erkennst Spätfrostschäden an:

- welken, braunen und matschigen Blättern und Stängeln,
- an Blätter, die leblos herunterhängen und
- an den Knospen, die glasig und matschig sind.

Vor allem die Blüte des Apfels, der Kirsche und der Birne trifft der Frost hart – besonders betroffen ist auch die Weinrebe. Ernteausfälle sind die unausweichliche Folge. Gleiches gilt für Gemüsepflanzen, die bereits früh ausgepflanzt wurden: Tomaten, Gurken, Kürbisse und Peperoni.

Achtung: Schütze deine Pflanzen im Winter nicht mit Plastikblachen! Die Feuchtigkeit kann unter diesen nicht entweichen und die Pflanze nicht «atmen». Aber Pilze und andere Übeltäter fühlen sich darunter besonders wohl. Im schlimmsten Fall verfault daher deine Pflanze. Oder es passiert das Gegenteil, wenn deine Pflanze an einer trockenen Stelle im Garten steht. In diesem Fall kommt der Regen nicht durchs Plastik und die Pflanze vertrocknet. Gerade immergrüne Pflanzen brauchen an frostfreien Tagen ein wenig Feuchtigkeit.

Die Pflanze schützen ist ein Aspekt von «winterfest machen». Der dritte – der ästhetische Aspekt – ist Geschmackssache. Was für mich aufgeräumt ist, ist in deinen Augen vielleicht eine Riesenschweinerei, oder umgekehrt. Richtig oder falsch gibt es nicht. Wenn sich eine Pflanze im Winter in hässlichen Matsch verwandelt und dich das stört, dann räume auf. Wenn eine abgestorbene Staude den Weg versperrt, dann räume auf. Wenn du bemerkst, dass totes Pflanzenmaterial eine Nachbarspflanze im Wachstum hindert, dann räume auf. Zum punktuellen Eingreifen möchte ich dich durchaus ermutigen. Das ist meine Gärtner-Methode. Beachte

→ Zu wenig macht den Garten langweilig und zu viel lässt ihn künstlich wirken. Bei der Auswahl von Immergrünen braucht es ein wenig Fingerspitzengefühl. Aber ohne möchte ich nicht mehr sein. Die *Skimmia japonica* im Bild wird mit den Jahren immer schöner. Ihr süßer Duft im Frühling ist sensationell!

aber, dass einige Pflanzen im Winter einen traurigen Eindruck machen. Doch bei den ersten warmen Sonnenstrahlen stehen sie da, als sei nichts gewesen. Das ist ein Grund wieso ich nicht alles pingelig aufräume.

WELCHE WINTERBEPFLANZUNG GEFÄLLT MIR

Leider gibt es auf Deutsch keine passende Übersetzung des britischen «winter interest». Das ist ein Ausdruck und Aspekt, welcher aus der Gartenkultur ennet dem Ärmelkanal nicht wegzudenken ist. Einen ansprechenden, interessanten Garten im Winter zu haben, war im milden Klima des Vereinigten Königreichs schon immer wichtig. Da deckt keine dicke Schneedecke den Garten zu – die Pflanzen bleiben sichtbar.

Unsere Großeltern konnten sich noch darauf verlassen, dass der Schnee über Monate «alle Sünden zudeckt». Im Winter sah es draußen sauber und chic aus. Doch inzwischen sehen wir im Winter alle möglichen Brauntöne im —

→ Der Papierbusch ist bei den ersten Hummeln im Februar sehr beliebt. Und auch bei Spaziergängern, die ihre Nase über den Zaun und in die Blütenbüschel stecken.

→ Lass dich von der stattlichen Erscheinung nicht täuschen. Die *Fatsia japonica* lässt sich wunderbar im Topf kultivieren. Sie bringt mit ihren großen, glänzenden Blättern Drama in deinen Garten. Und an einem geschützten Platz mit den Jahren auch ihre Blütenbällchen.

«Die Winterblüher sorgen nicht nur für *Farbtupfer* im Wintergrau.»

Garten, die nicht wirklich ansprechend sind. Daher wird der «winter interest» auch bei uns mehr und mehr zum Thema. Es lohnt sich daher, verblühte Stauden mit attraktiven Samenständen so lange wie möglich stehen zu lassen. Phlomis, Sonnenhüte aller Arten und Gattungen sowie Ziergräser – sie alle haben auch verblüht ihren Charme. Damit holst du dir Abwechslung in den Garten.

Es gibt auch Pflanzen, die im Winter blühen – einige müssen fälschlicherweise als Symbol für den Klimawandel hinhalten. Dabei blühen frostresistente Winterblüher auch ohne Erderwärmung im Winter.

WINTERBLÜHER SIND WICHTIG FÜR INSEKTEN

Die Winterblüher sorgen nicht nur für Farbtupfer im Wintergrau, sie sind zudem im Spätwinter und im zeitigen Frühling die einzigen Pollen- und Nektarspender für Wildbienen. Einige Hummelarten erwachen je nach Temperatur manchmal schon Ende Februar aus ihrer Überwinterung und brauchen dann dringend Nektar für ihren Energiehaushalt. Überwinternde Hummelköniginnen fliegen im Frühling bereits ab 2 Grad aus, um auf Nahrungssuche zu gehen. Da sind sie froh, wenn wir ihnen einen blühenden Snack gepflanzt haben.

Zum Winterbuffet gehört zum Beispiel der Winterschneeball (*Viburnum* x *bodnantense*). Von November bis März gehen immer wieder neue Blütenbüschel auf, die einen süßen Duft verströmen. Der Winterschneeball ist ein unkomplizierter Busch, der gut schnittverträglich ist und tiefe Minusgrade bestens wegsteckt. Es gibt auch verschiedene Sorten der *Erica carnea*, die Winterblüte oder den Japanischen Papierbusch (*Edgeworthia chrysantha*) und weitere Pflanzen. Einige winterharte Büsche sind dir aber für einen geschützten Platz dankbar. Winterblüher sind ein faszinierendes Thema, da lohnt sich die weitere Recherche oder eine Beratung in der Gärtnerei. —

→ Schöne Dekoration im Garten und Nahrung für die Vögel zugleich. Beerentragende Sträucher kann es eigentlich nicht zu viele haben. Das finden auch unsere Amseln. Sie leeren über die Wintermonate einen Busch nach dem anderen.

- Bei den Winterblühern können Hobbygärtner zwischen verschiedenen Züchtungen mit unterschiedlichen Blütezeiten und Farben wählen.
- Wenn du richtig planst, befinden sich fast das ganze Jahr über blühende Gehölze in deinem Garten.
- Pflanzen, die im Winter blühen, sollten grundsätzlich unmittelbar nach der Blüte im Frühjahr geschnitten werden. Ansonsten schneidest du gleich die Anlage für die nächste Blüte mit ab. Worauf dann im im Folgejahr die Blüte ausfällt.

Des Weiteren sind Immergrüne Pflanzen ein Segen für den Garten im Winter. Sie geben eine Grundstruktur und wirken immer frisch. Alles um sie herum ändert sich im Laufe der Jahreszeiten, aber sie kommen im Winter so richtig zur Geltung. Eine Stechpalme (*Ilex*) mit ihren sattgrünen Blättern und den leuchtend roten Beeren ist eine Augenweide und aus der Weihnachtszeit nicht wegzudenken. Solche Pflanzen sind Stars auf der Bühne, wenn sonst nur «Fifty Shades of Brown» gespielt wird.

Achtung: Sollte es dennoch einen schweren Wintereinbruch geben, können immergrüne Sträucher leiden. Der Schnee drückt sie runter, wodurch Äste brechen können. Da solltest du ein

Auge drauf haben. In manchen Fällen kann ein Zusammenbinden im Herbst helfen. Die Sträucher durch beherzten Schnitt kompakt zu halten, ist empfehlenswert, schützt aber nicht hundertprozentig vor Schneeschäden. Damit musst du dich abfinden. Bei wüchsigen Pflanzen schaue ich so einen Schaden inzwischen als Schnitthilfe an. Abgeknicktes ist zwar ärgerlich, doch im Vorfrühling schreite ich zur Tat und schneide sie an der Bruchstelle zurück.

Allerdings musst du lernen, die Schäden an deinen Pflanzen auszuhalten. Du musst darauf vertrauen, dass nicht die ganze Pflanze kaputt geht. Diese Sichtweise braucht etwas Übung und eine Portion Gottvertrauen – sie ist aber auf längere Sicht die nervenschonendere Variante, als sich aufzuregen.

WIE HELFE ICH DER TIERWELT DURCH DEN WINTER?

Ein tierfreundlicher Garten hilft unseren Freunden durch den Winter. In der kalten Jahreszeit brauchen Tiere vor allem zwei Dinge: Schutz und Nahrung.

- Igel überwintern in Laub- und Asthaufen
- Allerlei Insekten ziehen sich in Pflanzenstängel zurück
- Vögel brauchen geschützte Plätze, um dort die Nacht zu verbringen oder sich vor Fressfeinden zu schützen

Ist unser Garten blitzeblank, so hat er keinen Nutzen mehr für die Tierwelt. Gibt es in deinem Garten eine Ecke, die verwildern darf? Wildes Chaos muss nicht hässlich sein. Dein Garten wird dadurch lebendig: fürs Auge und für die Tiere.

UNVOLLSTÄNDIGE LISTE VON STRÄUCHERN ALS WINTERNAHRUNG FÜR VÖGEL

- Berberitze (*Berberis vulgaris*)
- Eberesche (Vogelbeere) (*Sorbus aucuparia*)
- Felsenbirne (*Amelanchier ovalis*)
- Stechpalme (*Ilex aquifolium*)
- Kornelkirsche (*Cornus mas*)
- Liebesperlenstrauch (*Callicarpa bodinieri*)
- Pfaffenhütchen (*Euonymus europaeus*)
- Sanddorn (*Hippophae rhamnoides*)
- Schlehe (Schwarzdorn) (*Prunus spinosa*)
- Schneeball (*Viburnum opulus*) → aber keine gefüllt blühenden Sorten!
- Holunder (*Sambucus nigra*)
- Wacholder (*Juniperus communis*)
- Weißdorn (*Crataegus monogyna*) → aber keine gefüllt blühenden Sorten!
- Zierapfel (*Malus* sp.)
- Zierquitte (*Chaenomeles* sp.)

Solltest du doch einen Teilrückschnitt machen, achte darauf, dass das Pflanzenmaterial den Garten nicht verlässt. Schon gar nicht in der Grüntonne. Schichte alles in einer Ecke auf. So haben die Kleinstlebewesen eine Chance, durch den Winter zu kommen. Die Samenstände der nicht zurückgeschnittenen Stauden bieten Nahrung – allen voran für die Vögel. Sie freuen sich auch an den verschiedensten Beerensträuchern. Die Auswahl dazu ist außerordentlich groß und erfreut zusätzlich unser Auge und im Frühjahr die Bestäuber. Gefüllt blühende Sorten sind meistens steril und bilden keine Früchte. Außerdem haben sie generell weniger oder gar keinen Nektar für die Insekten während ihrer Blütezeit.

Die Abwechslung ist für die Tiere ebenso wichtig wie die Wahl der Pflanzen. Eine Hecke aus nur einer Pflanze – egal wie wertvoll für die Biodiversität – nutzt nur wenigen Tierarten. Besteht deine Hecke hingegen aus verschiedenen Sträuchern – stachelige, winterblühende, beerentragende – so beherbergt der Lebensraum bald eine buntgemischte Tier- und Insektenschar.

Achtung: Wer «A» sagt, muss auch «B» wie Biodiversität sagen. Wenn es dir ein Anliegen ist, deinen Garten mit der Natur zu teilen, musst du dir im Klaren sein, dass wir nie ganz genau wissen, welcher tierische Gast vorbeischaut – oder sich gleich ganz bei dir niederlässt. Bei uns kommen seit Jahren im Winter Rehe zu Besuch. Ich hatte mir einen tierfreundlichen Garten eher mit allerlei Vögeln und einem Igel vorgestellt: Kleintiere halt. Die Rehe finden Gefallen an den immergrünen Sträuchern, egal ob einheimisch oder exotisch. Nach dem ersten Schock bemerkte ich, dass sie mir viele Sträucher in Form schneiden. Manche Pflanzen habe ich seit

→ Meisen sind geschäftige Vögel. Ihrem Treiben zu zuschauen ist mir immer wieder aufs neue eine große Freude. Außerdem sind sie Alliierte jedes Gärtners im Kampf gegen Blattläuse. Da spendiere ich ihnen gerne einen zusätzlichen Snack am Futterhäuschen.

Jahren nicht mehr geschnitten. Meine Hilfsgärtner auf vier Beinen erledigen das für mich, gratis und franko. Da verzeihe ich ihnen auch zähneknirschend, dass sie mir die Knospen an den Rosen wegputzen. Das ist zwar echt mühsam, aber mir ist es wichtiger einen Garten für die Natur zu haben, als meinen Willen durchzusetzen.

Es bleibt eine Mischrechnung, bei der ich aber unterm Strich nicht zu kurz komme. Ich plädiere in so einem Fall für Toleranz und den Blick aufs Positive. Neben der Rückschnittarbeit versorgen die Rehe mich mit ihrer Losung, den kleinen Kotbällchen. Die wische ich direkt als Dünger auf die angrenzenden Beete.

WINTERFLOR – WAS BRINGT'S EIGENTLICH?

Für die klassische Winterbepflanzung der Beete gibt es sowohl ein paar «Dafür» als auch ein paar «Dawider». Die nachfolgende Aufstellung soll eine Hilfe zu deiner persönlichen Entscheidungsfindung sein. Sei dir aber bitte im Klaren, —

→ Wenn die prächtige Fetthenne (*Hylotelephium spectabile*) verblüht ist, sieht sie noch lange hübsch aus. Solange sie aufrecht steht. Interessanterweise stehen alle Exemplare bei mir im Garten wie die Einsen – egal ob Schnee, Frost oder was auch immer. Bloß diese eine Pflanze lässt Jahr für Jahr die Köpfe auf unsere Terrasse hängen. Deswegen fällt sie bereits im Herbst der Gartenschere zum Opfer.

→ Ein Weihnachtsbaum versorgt uns nach den Festtagen mit Abdeckmaterial für exponierte Stellen und hilft so gegen Kahlfröste. Obwohl wir aus Platzgründen keinen Weihnachtsbaum in der eigenen Stube aufstellen, fallen immer genügend Bäume aus der Nachbarschaft an. Ich hole was ich brauche am Straßenrand und recycle fröhlich.

«Stiefmütterchen bringen schnell und über Monate *Farbe ins Beet.*»

dass die Anzucht von saisonaler Bepflanzung (sei es für den Sommer oder sei es für den Winter) einiges an Ressourcen verbraucht. Wir denken immer, dass die grüne Branche logischerweise grün sein muss. Aber wenn der Produzent oder die Gärtnerin für die Anzucht z. B. geheizte Glashäuser und Unmengen an Pestiziden gebraucht, sowie die Transportwege lang sind, sieht's bald anders aus. Und ob es nachhaltig ist, Pflanzen schon nach einer Saison wegzuwerfen, darf sowieso gestritten werden. Ich bin selbst bei diesem Thema hin- und hergerissen. Eine Grundempfehlung kann ich dir geben: Achte bitte darauf, wenn möglich Pflanzen aus der Produktion in deiner Region zu besorgen.

Im besten Fall kannst du auch persönlich in deiner Gärtnerei nachfragen, wie es denn so mit der Verwendung von Giften und dem Footprint bei der Produktion der saisonalen Pflanzen aussieht.

Stiefmütterchen bringen schnell und über Monate Farbe ins Beet. Verkauft werden große Hybriden (*Viola* x *wittrockiana*) und kleinblütige Hornveilchen-Hybriden (*Viola cornuta*-Hybriden). Beide kommen in unzähligen Zeichnungen und Farben. Da beim Züchten der großblütigen Stiefmütterchen oftmals die Fähigkeit zur Nektarbildung vollständig abhanden gekommen ist, schlage ich vor, immer auch einige Hornveilchen zu pflanzen. Die besitzen noch die Fähigkeit zur Insektentankstelle. So können sich Bienen, Hummeln und Co. an ihnen freuen. Vielfach versamen sich Hornveilchen im Garten – wenn wir nicht alles Verblühte wegbrechen.

Als Zuchtformen unser heimischer Gänseblümchen (*Bellis perennis*), sollten die *Bellis*-Hybriden eine unkomplizierte Wahl sein. Gerade auch weil der lateinische Name frei übersetzt «schön und ausdauernd» bedeutet. Ein tolles Versprechen, nicht wahr? Das stimmt auch, die *Bellis* blühen lange und sind für den mitteleuropäischen Winter gut gewappnet. Bloß musste auch hier die Bestäuberfreundlichkeit hinter der züchterischen Tätigkeit anstehen. Wenn ich also *Bellis* kaufe, müssen für mich immer ein paar Exemplare mit ungefüllten Blüten mit dabei sein. Die Insekten freut's. Die *Bellis*-Hybriden sind übrigens mehrjährig und können im Garten ausgepflanzt einige Jahre Freude bereiten.

Mehr und mehr werden im Herbst Pflanzen als Winterflor angeboten, die null Frost vertragen. Das ist meiner Meinung nach überhaupt nicht sinnvoll und bringt nichts. —

WINTERBLÜHER

Mit den richtigen Pflanzen kannst du auch in der kalten Jahreszeit *Farbakzente* setzen und Insekten Nahrung bieten. Winterblüher schließen eine wichtige Lücke und machen deinen Garten das ganze Jahr über lebendig. Schon ein paar gezielt platzierte Pflanzen – ob im Beet oder im Topf – helfen Insekten und sorgen für eine wunderschöne, blühende Oase.

Auch im Winter muss dein Garten nicht trist sein! Mein Ziel ist ein Garten, in dem immer etwas blüht – Winterblüher schließen eine wichtige Lücke. Plane deinen Garten so, dass er ein wahres Insektenparadies wird. Diese Pflanzen bringen Farbe und bieten Insekten Nahrung:

- Christrose (*Helleborus niger*), aber bitte keine gefüllt blühenden anpflanzen!
- Kornelkirsche (*Cornus mas)*, essbare Beeren im Herbst
- Lenzrose (*Helleborus orientalis*), aber bitte keine gefüllt blühenden anpflanzen!
- Schneeglöckchen (*Galanthus* sp.), aber bitte keine gefüllt blühenden anpflanzen!
- Winterheide (*Erica carnea*), benötigt als eine der wenigen Heiden keinen sauren Boden
- Winterkirsche (*Prunus subhirtella autumnalis*)
- Winter-Seidelbast (*Daphne odora*), ebenso *Daphne* x *transatlantica* – welche fast das ganze Jahr blüht
- Winterjasmin (*Jasminum nudiflorum*), wird allerdings wenig angeflogen
- Winterschneeball (*Viburnum bodnatense*), hat von den Sträuchern die längste Blütezeit über den Winter
- Zaubernuss (*Hamamelis* sp.), wird von Käfern und Fliegen angeflogen

Worauf solltest du achten?

Ein Bestäubergarten ist nämlich auch für uns Menschen eine Augenweide. So gibt es immer etwas zu sehen und zu entdecken. Diese paar Dinge gilt es zu beachten:

- Verfügbarer Platz: Ob Garten oder Balkon – alles ist möglich. Schon eine Blumenkiste bringt Futter für Insekten.
- Sonnen- und Feuchtigkeitsverhältnisse – das weißt du nun langsam, nicht wahr? Die richtige Pflanze am richtigen Ort ist der Schlüssel zum Erfolg.
- Verschiedene Blütezeiten: Plane eine Bepflanzung mit Blumen mit verschiedenen Blütezeiten, um die «Lücken» im Garten zu schliessen – sonst macht ein Bestäubergarten keinen Sinn.
- Superfood-Blumen: Achte auf Pflanzen, die viel Nektar und Pollen bieten. Gefüllte Blüten, wenn immer möglich, vermeiden.

Und wo mache ich das?

Es findet sich immer wieder ein Plätzchen für insektenfreundliche Pflanzen, denn ehrlich gesagt finde ich, dass die meisten Orte mit Blumen besser aussehen. Mein Topp-Ratschlag den ich dir geben kann, ist jedoch, dass du viele Blumen in der Nähe der Orte pflanzen solltest, an denen du die meiste Zeit im Freien verbringst. Das kann zum Beispiel heißen, dass Töpfe voller Blumen direkt auf oder neben der Terrasse stehen. Oder gleich dort eingepflanzt. Wirklich überall dort, wo du dich gerne aufhältst und entspannst.Auf diese wunderbare Weise bist du ständig von natürlicher Schönheit umgeben und kannst in aller Ruhe Schmetterlinge, Hummeln und auch viele andere nützliche Käfer beim fröhlichen Kommen und Gehen beobachten. Es ist immer idealer, wenn du die Pflanzen im Boden einsetzen kannst. Aber auch wenn das nicht geht, lass dich nicht davon abhalten, Farbe und Duft in die Nähe deiner Nase zu holen! Übrigens lassen sich auch einige Winterblüher wie Hamamelis oder *Erica carnea* gut in Töpfe setzen. So sind sie nahe am Haus platzierbar.

Punkt. Ein Beispiel dafür ist die fast omnipräsente Stacheldrahtpflanze (*Leucophyta brownii*), auch bekannt als Calocephalus. Ursprünglich stammt sie aus Australien. Sie wird beim ersten Frost erfrieren und danach als Pflanzenleiche ein Weilchen im Beet oder Topf stehen. Ist sie dort nicht vor Regen geschützt, wird sie durch die Nässe schnell braun-schwarz. Weggeworfen wird sie im Frühjahr dann so oder so. Deswegen frage ich immer beim Gärtner nach, wie frosthart dieser oder jener Winterflor ist. Wenn du als Antwort «erträgt einige Frostgrade» kriegst, solltest du hellhörig werden. Trotz voranschreitendem Klimawandel und milderen Wintern müssen Pflanzen in vielen Gebieten eben immer noch deutlich mehr als –5 Grad unter Null aushalten können. Wenn du sie dennoch kaufst, ist es auf eigenes Risiko. Kann man machen.

Der Vollständigkeit halber: Ein hundertprozentig winterhartes Alpenveilchen (*Cyclamen persicum*) gibt es nicht. Da kann in den Gartencentern darauf stehen was wolle. An einem geschützten Ort kann es Fröste überstehen und im Folgejahr wieder blühen, wenn auch nicht mehr so üppig. Das ist mir schon passiert – und zwar genau einmal. Nur dieses eine Mal. Also nichts, worauf du dich verlassen solltest. Deswegen ist es hier wichtig die richtige Art Alpenveilchen zu erstehen. Cyclamen coum beispielsweise können Fröste nichts anhaben. Diese Art ist mehrjährig, versamt sich gerne und blüht bereits im Vorfrühling. Das alles ändert nichts daran, dass ich ein riesiger Cyclamen persicum-Fan bin. In Sachen Nachhaltigkeit ist diese Pflanze mein «guilty pleasure». Immer wieder kaufe ich eine, obwohl ich es besser wüsste. Schönheit vs. Vernunft ist ein immer wiederkehrendes Thema im Garten, nicht wahr?

«Ein Winter-Garten ist nicht entweder oder ... Du kannst *alles* haben.»

→ Der winterliche Garten kann mehr als nur wüst, kalt und leer. Sondern auch schön.

FAZIT

Es wird kaum einen Garten geben, der alle meine Vorstellungen berücksichtigt. Ich habe über die Jahre festgestellt, dass die verschiedenen Möglichkeiten, den Garten durch den Winter zu bringen, super Hand in Hand gehen können. Wenn ich im Winter die Samenstände stehen lasse und viele Beeren (wenn möglich in verschiedenen Farben und Formen) wachsen, sieht der Garten spannend aus. Gleichzeitig bietet er Nahrung und Schutz für die Tiere. Ich darf auch Störendes entfernen – wenn ich es auf einen Haufen schichte, ziehen vielleicht Kröten oder Igel ein. Ein Winter-Garten ist nicht entweder oder. Du kannst alles haben. Halte nur nicht zu fest an einem Prinzip fest, egal, ob mit dem Zurückschneiden oder mit dem Stehen-lassen! Doch versuche dir klar zu mache, was du eigentlich mit deinem Garten bezwecken willst und welche Konsequenzen das hat. Und wenn es mal nicht nach Plan läuft – dir der Schnee oder die Rehe oder was auch immer einen Strich durch die Rechnung machen – versuche, locker zu bleiben. Keine Sorge, der Frühling wird kommen. Versprochen. ○

FIT FÜRS KLIMA

Es gibt immer die passenden Pflanzen für deinen Garten. Es gibt Unmengen verschiedener Pflanzen, da ist auch was für deinen Garten dabei. Auch wenn sich das Klima ändert, gibt es Pflanzen, die die veränderten Bedingungen mögen. Wir müssen uns einfach weiter umsehen – und uns dabei vielleicht auch von einigen Lieblingen verabschieden.

Vielleicht hast du es schon im eigenen Garten erlebt: Das Klima ändert sich. Die isolierende Schneedecke bleibt plötzlich weg und überlässt die Pflanzen schutzlos dem Frost. Oder der Hitzesommer dauert an, obwohl deine Regentonne schon lange leer ist.

Wir können dagegen ankämpfen – aber mit viel Aufwand. Oder wir können uns nach neuen Arten und Sorten umsehen, welche die Wetterextreme gut wegstecken. Ich mag es, mit Pflanzen zu experimentieren und zu testen, welche am besten mit den Bedingungen in unserem Garten klarkommen. In diesem Kapitel erkläre ich dir, wie ich vorgehe und gebe dir Tipps, wie du die geeigneten Pflanzen für deinen Garten findest.

DIE SACHE MIT DEN NEOPHYTEN UND DEM KLIMAWANDEL

Der Klimawandel bringt unser ganzes Ökosystem unter Druck. Tiere und Pflanzen, die es kühler mögen, versuchen nach Norden oder in die Berge auszuweichen. Und viele Spezies rücken aus dem Süden nach. Tiere können sich selbständig fortbewegen und haben gegenüber den Pflanzen einen entscheidenden Vorteil.

Seit Jahrtausenden wandelt sich unser Klima, auch wenn es sich in den letzten Jahren schneller wandelt als in vergangenen Zeiten. Pflanzen und Tiere sterben aus und andere füllen die Lücken auf. Wir Menschen unterstützen diesen Vorgang indem wir gebietsfremde Pflanzen (Neophyten) und Tiere (Neozoen) einführen. Als Neophyten (Neozoen) werden in Europa Pflanzen (Tiere) bezeichnet, die nach dem Stichjahr 1492 (der Entdeckung Amerikas durch Kolumbus) willentlich eingeführt oder aus Versehen eingeschleppt wurden.

→ Gerade erst freuten wir uns über die überraschende Winterhärte. Und schon ist *Trachycarpus fortunei* ein in der Schweiz verbotener invasiver Neophyt. Etablierte Pflanzen dürfen aber in den Gärten stehen bleiben.

Es gibt Neophyten, die Probleme machen und sich negativ auf die heimische Artenvielfalt auswirken – die invasiven Neophyten. Die stille Mehrheit der Neophyten sind jedoch Teil unseres Ökosystems geworden und wir nehmen sie gar nicht mehr als solche wahr. Mais, Kartoffeln oder Tomaten sind gute Beispiele hierfür; sie kommen ursprünglich vom amerikanischen Kontinent. Die Liste der Neophyten ist entsprechend lang und zieht sich über alle Kontinente. Die rot leuchtenden Geranien an den Fenstern haben ihren Ursprung im südlichen Afrika, der Ginkgo im Park stammt aus China und die modischen Eukalyptus-Arten sind allesamt Australier. In unserer Landschaft und den Gärten ist schon seit Generationen die botanische Welt zu Gast.

Ob nun (invasive) Neophyten Teufel oder Messias sind, hat Streitereien und politische Debatten ausgelöst. Manche sehen in ihnen den Sargnagel für eine eh schon angeschlagene Natur. Andere die dringend benötigte Medizin gegen die Lücken in der kränkelnden Vegetation und als Schlüssel zur Heilung in einem angeschlagenen Ökosystem. Die Wahrheit liegt wohl irgendwo dazwischen.

In unserem Garten sind Pflanzen aus dem Mittelmeerraum für mich unverzichtbar geworden. Sie fühlen sich in unserem Garten wohl. Es gibt aber auch einheimische —

→ Blühen ohne Unterlass bis zum Frost: Nur eine Blühpause im trockenen Hochsommer gönnt sich der Texanische Salbei. Was ihn zu einer beliebten Tankstelle für allerlei Bestäuber macht.

→ Auch wenn der Efeu (*Hedera helix*) wuchert, ihn als invasiv zu bezeichnen wäre falsch. Es handelt sich um eine einheimische Art.

«Leider kann ein Klimagewinner von heute, morgen schon *invasive Tendenzen* haben.»

Pflanzen, die mit extremen Bedingungen gut klarkommen, denen man aber kaum Beachtung schenkt. Deswegen sollten wir uns umschauen und überlegen, welche Pflanzen in unseren Gärten Sinn machen. Und wieder einmal mehr, musst du dir bewusst machen: Was will ich eigentlich mit meiner Pflanzenwahl bezwecken?

DIE BÖSEN IN SCHACH HALTEN

Als wir unsere Hanfpalme ausgepflanzt haben, war noch alles in Ordnung. Seit kurzem jedoch zählt sie offiziell in der Schweiz zu den «bösen» invasiven Neophyten. Von Gesetzes wegen darf sie in unserem Garten bleiben. Abhacken tue ich sie nicht. Trotzdem nehme ich meine Verantwortung wahr: Ich lasse die Palme blühen, damit sich die Insekten daran freuen. Aber einmal verblüht, schneide ich die Blütenstände ab. So kann sie sich nicht mehr vermehren. Das Gleiche machen meine Schwiegereltern mit dem Kirschlorbeer. So halten wir die Pflanzen in Schach und freuen uns an ihrem Grün.

Bitte beachte: Leider kann ein Klimagewinner von heute, morgen schon invasive Tendenzen haben. Das ist ganz logisch: Eine Pflanze reagiert auf die veränderten Umstände, und fühlt sich dann womöglich ausgesprochen wohl und vermehrt sich entsprechend reichlich. Da kann die Pflanze nichts dafür – wir alle haben die Veränderung im Ökosystem und im Klima geschaffen. Sie wittert bloß ihre Chance und nutzt sie. Deswegen bitte ich dich eindringlich, auch hier in deinem Garten zu beobachten und eingreifen, wenn eine Pflanze deiner Meinung nach außer Rand und Band gerät. Ich möchte keine Panik verbreiten. Aber erkundige dich, auf welche Arten du in deiner Region besser verzichten solltest. Wenn dir die ganze Thematik Kopfschmerzen bereitet oder du nach der Lektüre z. B. von Gartenforen überfordert bist, dann gehe den entspannteren Weg und geh mit einheimischen Pflanzen auf Nummer sicher.

DIE RICHTIGE PFLANZE AM RICHTIGEN ORT

Wie sind die Voraussetzungen in deinem Garten? Wie waren die Winter und die Sommer der letzten 5 bis 10 Jahre? Ich wohne in St. Galler Rheintal in der Schweiz. Das Klima war durch warme Winde, den Föhn, hier schon immer mild und warm. Doch inzwischen sind die Sommer heiß und die Erde staubtrocken. Manchmal kommt die Hitze schon im Frühling, manchmal bleibt sie bis Oktober. Dazu gibt es mehr Regen im Winterhalbjahr und auch immer wiederkehrende Schnee- und Eistage (auch wenn's nicht mehr viele sind); das alles müssen die grünen Hitzekünstler aushalten können.

WELCHE PFLANZEN KOMMEN MIT TROCKENHEIT ZURECHT?

Heimische Pflanzen

Alle in Mitteleuropa heimischen Pflanzen, die auch in Kiesgruben, an Sandbänken oder auch am Straßenrand wachsen, mögen es trocken. Wenn wir uns den Natternkopf, die Ginsterarten oder die Dornige Hauhechel anschauen, können die in Sachen Ästhetik mit jedem fremdländischen Pflänzchen mithalten. Gehe dir doch einmal so einen Standort in der Natur anschauen. Mach dir Notizen sowie Handyfotos und lass dich inspirieren. Gerade mit diesen Pflanzen kannst du die heimische Fauna unterstützen. Die Natternkopfbiene beispielsweise sammelt nur bei der entsprechenden Pflanze Pollen für ihren Nachwuchs und ist dir dankbar, wenn du dir *Echium vulgare* an einen kiesigen, warmen Platz in den Garten holst.

Wenn du aber bei Mutter Natur Betriebsspionage machst, bitte ich dich, keinesfalls Pflanzen vor Ort auszugraben. Zeig im Zweifelsfall die Fotos bei der Gärtnerei deines Ver-

→ Die Felsenfetthenne (*Sedum rupestre*) kommt mit Trockenheit bestens zurecht. Diese einheimische Pflanze wird nur 10–25 cm hoch und ist zur Blütezeit eine Bienenweide.

trauens oder bestimme sie mit einer Pflanzen-App im Internet. Das «Jagen» nach einer besonderen Pflanze im Handel ist für mich immer wieder ein wahres Abenteuer. Und das Glücksgefühl, wenn sie dann endlich daheim eingepflanzt werden kann, ist unbeschreiblich. Aber Wildpflanzen sollen und müssen dort weiterwachsen dürfen, wo sie hingehören. Es gibt heute glücklicherweise genügend Bezugsquellen, die heimische Arten in ihrem Sortiment führen. Ganz legal nachgezogen und nicht wild gesammelt.

Pflanzen aus anderen Regionen

Der Mittelmeerraum beheimatet eine unerschöpfliche Zahl an Trockenkünstlern. Wie wär's, wenn du in den nächsten Ferien an der französischen Riviera oder auf Sardinien mal durch die Macchia spazierst und Ideen mit heimbringst? Denke bloß an Lavendel (*Lavandula* sp.) Brandkräuter (*Phlomis* sp.), Salbei (*Salvia officinalis*) und die verschiedenen Thymian-Arten (*Thymus* sp.). Viele unserer Kräuter stammen ursprünglich aus dieser Region und eignen sich für mehr als nur den Kochtopf! Sogar Zwiebeln (*Allium cepa*), Knoblauch (*Allium sativum*) und Fenchel (*Foeniculum vulgare*) können eine Zierde sein, wenn sie blühen dürfen. Im Handel sind sie günstig und allerorts erhältlich, probier's mal aus.

↘ Obwohl weder einheimisch noch wirklich winterhart, an einem *Cyclamen persicum* kann ich im Handel kaum vorbei gehen. So schön! Aber bloß für eine Saison.

→ Exotik wie in den Ferien am Mittelmeer. Ob Genua oder Grabs: der Olive (*Olea europaea*) gefällt's. Auch wenn sie bis jetzt höchstens vier Oliven pro Jahr produzierte. Sie wächst und gedeiht prächtig – und muss 4–5 Mal im Jahr mit der Gartenschere in die Schranken gewiesen werden! Was uns aber wunderschönes Schnittgut für die Vase beschert.

Die Bestäuber sind von allen erwähnten Arten angetan. Sogar Schnittlauch (*Allium schoenoprasum*) zeigt sich von einer überraschenden Seite, wenn wir ihn als Zierpflanze behandeln und blühen lassen. Er versamt sich gerne und webt seine violetten Blüten in bestehende Pflanzungen. Seine Trockenresistenz hat ihm bereit einen Platz in Dachbegrünungen gesichert. Wie alle Lauchgewächse in Blüte bietet er ein gutes Futterangebot.

Aber der absolute Bienen- und Schmetterlingsmagnet ist Oregano (*Origanum vulgare*) – kein Garten sollte ohne ihn sein. Apropos Schmetterling: Fenchel ist bei uns die Lieblingsfutterpflanze der «Rüebliraupe», der Raupe des Schwalbenschwanzes. Da hätten wir gleich zwei Fliegen mit einer Klappe geschlagen. (Die Insekten mögen mir diesen Vergleich verzeihen.)

Wenn du etwas weitersuchen möchtest, findest du in vergleichbaren mediterranen Klimazonen rund um den Globus etliche Trockenkünstler, die bei uns bereits winterhart sind oder es immer besser durch unsere Winter schaffen. Als einjährige Pflanze ist der Winter sowieso kein Problem für den kalifornischen Goldmohn (*Eschscholtzia californica*). Wenn es ihm gefällt, versamt er sich reichlich. Er wird aber kaum lästig. Mir gefällt seine knallorange Ursprungsform immer noch am besten. Es gäbe weitere spannende Einjährige von der US-Westküste.

So auch die Spiegeleiblume (*Limnanthes douglasii*) oder der mehrjährige Kalifornische Baummohn (*Romneya coulteri*). Allesamt werden sie gerne von heimischen Insekten in Europa angeflogen und halten Trockenheit aus.

Nicht vergessen sollten wir die Salbeiarten aus Texas und Mexiko (*Salvia greggii*, *Salvia microphylla* und alle Kreuzungen dazwischen). Diese sind bei uns Lieblinge der Schwarzblauen Holzbiene (welche selbst ein Klimawandel-Gewinner aus dem Mittelmeerraum ist), zeigen aber leider ein wenig Allüren, wenn es um die Winterhärte geht. Manche Sorten stecken Klimaextreme problemlos weg, andere sind nach einem Winter bereits Geschichte. Sei bereit für Experimente und nicht enttäuscht, wenn eine Pflanze stirbt.

Des Weiteren lohnen sich auch Auspflanzungsversuche mit den südafrikanischen Schmucklilien (*Agapanthus* sp.) und *Eucomis bicolor*, der Ananaslilie. Fackellilien (*Kniphofia* sp.) sind bereits seit Jahren Standard in unseren Gärten. Südafrikanische Disteln (*Berkeya* sp.), teilweise auch die Montbretien (*Crocosmia* x *crocosmiiflora*), Mittags- und Strohblumen (*Delosperma* sp. und *Helichrysum* sp.) erweitern das Sortiment. Auch diese Arten werden von mitteleuropäischen Bienen und Co. gut angenommen. Gerne vergessen wir, dass es zudem unter den Kakteen und Sukkulenten reichlich Arten gibt, die unsere Winter mit links wegstecken. Opuntienarten wachsen bis nach Kanada! Auch hier lohnt sich die Recherche.

Es gibt Eukalyptus-Arten, deren Auspflanzung sich lohnt. Gerade *E. gunnii* zeigt sich unseren Wintern mehr als ebenbürtig. Ich möchte dich aber darauf hinweisen, dass diese Australier ausgesprochen wüchsig sind. Überlege dir gut, wo du einen Eukalyptus pflanzen willst. Auch ich habe einen solchen Baum zu nahe an die Terrasse gesetzt. Ich halte ihn mit kräftigem Rückschnitt klein und freue mich ob dem Zweigen, die wir zu Deko im Haus einsetzen. Schneide diese Pflanze lieber zu viel als zu wenig. Wenn du zu zimperlich bist, braucht es in ein paar Jahren die Säge. Sei dir auch im Klaren, dass Eukalypten bei uns kaum blühen werden. Auf jeden Fall jetzt noch nicht. Ein Insektenfutter ist ein Eukalyptusbaum daher nicht. Aber er ist halt schon attraktiv fürs Auge mit seinem grauen und duftenden Laub.

Und wenn es drumherum summt und brummt, brauchen wir in Ziergärten kein schlechtes Gewissen zu haben. —

Wenn dein Ziel ein naturnaher Garten ist, darf es auch ein, zwei Ausreißer geben, die einfach nur für dich und «für schön» da sind. Es gibt zusätzlich aus Australien weitere Pflanzen wie Grevilleas, deren Winterhärte beobachtet werden. Es könnten in naher Zukunft also weitere Pflanzen dieser Region Einzug in unsere immer wärmer werdenden Gärten halten.

DAS MUSST DU BEACHTEN

Pflanzen aus den mediterranen Klimazonen in Südamerika, Tasmanien und Neuseeland mögen es zwar warm, aber eher einen Tick feuchter als ihre Kollegen aus Kalifornien, Texas, Südafrika oder rund ums Mittelmeer. So liest man es jedenfalls. Aber auch hier ist noch nicht das letzte Wort gesprochen. Fuchsien (*Fuchsia magellanica* und ihre Sorten) aus Feuerland zeigten sich trotz allem, was in der Literatur steht, bei mir erstaunlich trockenheitsresistent. Das gleiche habe ich beim Tasmanischen Bergpfeffer (*Tasmannia lanceolata*) und dem Klebsamen (*Pittosporum tenuifolium*) erlebt. Das beweist wieder eindrücklich, dass nichts über die eigenen Erfahrungen und Versuche geht. Sei frech und neugierig, pfeif auch mal auf die Konventionen. Wir alle haben mit diesem neuen Klima erst seit Kurzem zu tun. Außerdem kann das Mikroklima in einem Garten von Steinen, Winden, Hecken, Mauern, der Himmelsrichtung oder sonst was beeinflusst werden; sowohl positiv als auch negativ. Manchmal funktioniert es, manchmal nicht. Freue dich, wenn es bei dir geht. Und kopiere fröhlich, was du in der Nachbarschaft, botanischen Gärten oder in der Natur siehst.

Wie sieht es mit Frost und Nässe aus? Es musste so kommen. Nach dem letzten Abschnitt voller Lobgesang auf die Fülle an trockenheitsverträglichen Pflanzen, muss ich nun die Kehrseite ansprechen. Und vielleicht den einen oder anderen Traum zerstören.

Wir leben immer noch in Mitteleuropa und nicht an der Küste von Korsika oder Kreta. Auch wenn der Klimawandel voranschreitet, haben wir im Winter einige Frosttage. Auch

→ Vor einigen Jahren wurde der Mönchspfeffer (*Vitex agnus-castus*) noch als Topfpflanze verkauft. Inzwischen gelten sie fast überall als winterhart. Ein wahrer Insektenmagnet und Hitzekünstler, auf den ich nicht verzichten will.

wenn die Anzahl von Ort zu Ort variiert: Für viele Pflanzen aus dem Süden reicht ein Taucher in die Minusgrade, um sie in grünen Matsch zu verwandeln. Es kann frustrierend sein, wenn du dir ein mediterranes Wunderland ausmalst, das im Sommer ohne jegliche Wassergabe auskommt, aber eine Nacht unter –5 Grad alles zunichte macht. Das ist nämlich die magische Grenze, die viele Mittelmeerpflanzen wenigstens für kurze Zeit aushalten können.

Du merkst, ich wähle meine Worte vorsichtig: Ich schreibe «kann» und nicht «muss». Auch hier spielt das Mikroklima und andere Faktoren eine Rolle. Beobachte und experimentiere fröhlich.

KALT, ABER NICHT ZU KALT

Mediterrane Pflanzen schätzen eine kühle Winterzeit. Viele blühen in dieser Zeit oder brauchen tiefere Temperaturen als Anreiz, um die Blütenbildung anzuregen. Aber Eistage mögen sie nicht. Einige frostempfindliche Pflanzen kannst du im —

Winter drinnen überwintern. Aber eben nicht im Wohnzimmer, wo es schön warm ist – sonst machen sie im nächsten Sommer keine Blüten (z. B. die Schmucklilie). Aber nur weil eine Pflanze es kühl mag, heißt das nicht, dass sie mit Frost klarkommt. Schau bei der Pflanzenwahl genau hin. Erkundige dich und mach deine Recherche. Innerhalb einer Pflanzenfamilie und Gruppen gibt es große Unterschiede. Schopflavendel (*Lavandula stoechas*) beispielsweise ist empfindlicher als der klassische englische Lavendel. Und Salbei ist nicht einfach Salbei. Der Discounter macht da nicht immer den Unterschied und preist alle möglichen Arten als winterhart an. Deshalb musst du immer ein wenig auf der Hut sein. Ich kann es nicht genügend betonen: Eine gute Recherche und Beratung sind Gold wert.

GUT GESCHÜTZT

Wenn ich nicht sicher bin, ob eine Pflanze unser Klima aushält – ich sie aber dennoch auspflanzen möchte – habe ich folgende Strategien entwickelt:

- Ist die Pflanze klein, entferne ich einen Stein unseres Sitzplatzes an der Hauswand. Die Pflanze ist dort unter dem Dachvorsprung vor dem Frost geschützt. An sonnigen Tagen heizen die umliegenden Steine auf und geben die Wärme in der kalten Nacht wieder ab. Sie helfen damit, der Pflanze nie unter die kritischen –5 Grad zu fallen. Auf diese Weise habe ich erfolgreich Kapern und eine resistente Passionsblumensorte ausgepflanzt.
- Eine zweite Möglichkeit ist, die Pflanze mit Tannenästen oder Laub zu schützen: Einfach locker oben drauf. Achte darauf, dass sich darunter keine Staunässe bilden kann. So überwintere ich den Teestrauch. Meine Schwiegermutter macht das ebenfalls erfolgreich mit Kallas, die sie ausgepflanzt hat.

→ Ein Teich oder Sumpf ist auch auf kleinsten Raum möglich und blitzschnell zu realisieren. Schon ein Kübel oder eine Wanne auf der Terrasse kann Pflanzen und Tiere beherbergen.

NIEMAND MAG NASSE FÜSSE IM WINTER

In den meisten Fällen bringt nicht der Frost sondern die nassen Füße (damit meine ich die Wurzeln) die Pflanzen zu Fall. Trockenheitskünstler mögen durchs Band gerne trockene Füße im Winter oder mindestens eine gute Drainage. Auch hier unterscheiden sich die Bedürfnisse einzelner Arten und es gibt immer wieder überraschend resiliente Pflanzen. Aber ein guter Wasserabzug im Winter hat noch nie geschadet, aber immer die Winterhärte erhöht. In unserem Nachbarort habe ich ausgepflanzte Oleander in Hanggärten und kiesigen Vorgärten entdeckt. Sie überwintern bereits seit mehreren Jahren draußen.

Ich bin überzeugt, dass die Drainage dies möglich macht. Unser Garten liegt auf dem Geschiebekegel des Dorfbaches. Im Gemüsebeet sind seine Steine mühsam. In den Zierbeeten hingegen eröffnen sie ungeahnte —

KLIMAGEWINNER ODER INVASIV?

Viele Pflanzen, die sich gut an neue Bedingungen anpassen, gelten zunächst als Klimagewinner. Doch nur wenige von ihnen werden tatsächlich invasiv und bedrohen heimische Arten. Wann eine Pflanze zum *Problem* wird – und warum es wichtig ist, den Begriff «invasiv» nicht vorschnell zu verwenden.

Viele invasive Pflanzen waren ursprünglich Klimagewinner. Sie kamen mit veränderten Bedingungen besser zurecht als heimische Arten und konnten sich in neuen Ökosystemen etablieren. Manche von ihnen beginnen jedoch, einheimische Arten zu verdrängen – ein Prozess, mit dem sich die Invasionsbiologie beschäftigt. Oft geschieht dies, weil eingeführte Pflanzen keine natürlichen Feinde haben, die ihr Wachstum regulieren, oder weil sie sich besonders schnell verbreiten. So können sie die Konkurrenz um Wasser, Licht und Nährstoffe für heimische Arten erheblich verschärfen. Langfristig kann dies die Biodiversität gefährden.

Dennoch wird nicht jede eingeführte Pflanze zum Problem. Wissenschaftler nutzen das sogenannte Zehnersystem zur Einordnung: Von 1000 eingeführten Pflanzen überleben etwa 100 unter den neuen Bedingungen. Davon schaffen es nur rund 10, sich außerhalb von Gärten oder Kulturen anzusiedeln – und lediglich eine einzige Art verursacht ernsthafte ökologische Schäden. Das bedeutet, dass die große Mehrheit der eingeführten Pflanzen entweder nicht überlebt oder sich ohne negative Folgen in die heimische Flora integriert. Doch selbst wenn nur ein kleiner Prozentsatz invasiv wird, ist es wichtig, diese Arten frühzeitig zu erkennen und geeignete Maßnahmen zu ergreifen, um Schäden zu vermeiden.

Gefährliche Tendenz

Missverständnisse und Unklarheiten rund um den Begriff «invasiv» führen oft dazu, dass auch einheimische Pflanzen fälschlich als problematisch eingestuft werden. Laut der Eidgenössischen Fachkommission für biologische Sicherheit sind nur etwa 2 % der etablierten gebietsfremden Pflanzen in Europa tatsächlich invasiv (Stand April 2023). Dennoch wird der Begriff oft leichtfertig verwendet – manchmal sogar für einheimische Arten. Doch nur Pflanzen, die heimische Arten verdrängen und das ökologische Gleichgewicht nachweislich stören, sollten als invasiv gelten.

Ein wirklich gutes Beispiel für eine oft unterschätzte und manchmal auch falsch eingeschätzte Pflanze ist der sogenannte Kriechende Hahnenfuß (*Ranunculus repens*). Er kann in Gärten lästig sein, bietet jedoch Lebensraum für viele Insekten und stabilisiert den Boden. Problematisch wird eine Pflanze erst, wenn sie andere Arten verdrängt – doch nicht jede weit verbreitete Art stellt tatsächlich eine Bedrohung für das Ökosystem dar. Auch der Brombeerstrauch (*Rubus fruticosus*) wird oft bekämpft, weil er wuchert, dabei ist er eine wichtige Nahrungsquelle für Vögel und Insekten. Statt ihn zu entfernen, kann er gezielt in weniger genutzten Gartenbereichen wachsen.

Die Natur verändert sich stetig – manche Arten kommen, andere verschwinden. Doch nicht jede Ausbreitung ist problematisch. Manche Pflanzen übernehmen neue ökologische Nischen und tragen zur Biodiversität bei. Ein Beispiel ist die Robinie (*Robinia pseudoacacia*), die als Neophyt Nektar für Bienen liefert und die Bodenqualität verbessert.

Bewusster Umgang mit dem Begriff «invasiv»

Nicht jede ausbreitungsfreudige Pflanze ist invasiv. Der Begriff sollte nur verwendet werden, wenn tatsächlich nachweisbarer Schaden für Flora oder Fauna entsteht. Wer differenziert urteilt, hilft, echte Problemarten von harmlosen oder sogar nützlichen Pflanzen zu unterscheiden – und so das ökologische Gleichgewicht zu schützen.

Möglichkeiten. Dass sich der Texanische Salbei (Hybriden zwischen *S. greggii* und *S. microphylla*) in unserem Steingarten so wohl fühlt, liegt sicherlich an den vielen Steinen in der Erde, die dem Wasser das abfließen erleichtern. Staunässe gibt's nicht. Solltest dein Garten hingegen lehmigen Boden aufweisen oder in einem Gebiet mit hohem Grundwasserspiegel liegen, lohnt sich eine Kiesschicht in den Pflanzlöchern oder eine erhöhte Pflanzung auf kleinen Hügeln oder Hängen. In schlimmeren Fällen kommst du um das Einarbeiten von Sand oder Kies in den Boden nicht herum.

DAS MUSST DU BEACHTEN

Da nicht nur die Trockenperioden, sondern auch starker Regen und Überschwemmungen in Zukunft Probleme verursachen könnten, rate ich dir, deinen Garten genau zu inspizieren:

- Sammelt sich Wasser in einer bestimmten Ecke?
- Läuft es nicht gut ab?

Mediterrane Pflanzen werden sich da nicht wohl fühlen – egal wie viele Kies und Sand du dort verbuddelst. Aber es eröffnen sich andere Möglichkeiten. Du kannst aber aus der Not eine Tugend machen und dort einen Teich oder ein Sumpfbeet bauen.

Hortensien (*Hydrangea macrophylla*) brauchen sehr, sehr viel Wasser. Wäre so eine Ecke vielleicht dafür geeignet? Sibirische Schwertlilien (*Iris sibirica*), Blutweiderich (*Lythrum salicarica*) oder ähnliche Arten, die wir aus Gräben kennen, fühlen sich in einer solchen wechselfeuchten Umgebung ebenfalls sehr wohl. Schau genau – beobachte und finde die richtige Pflanze für den richtigen Ort.

Versuche nicht den Lavendel in der schattigen, feuchten Ecke deines Gartens zu pflanzen oder die Hortensie an die Südwand deines Hauses mit direkter Sonneneinstrahlung – nur weil diese Pflanzen gerade in Mode sind. So ersparst du dir viel Frust.

→ Trotz allem ist unser Garten ein Ort der Eintracht, in dem Pflanzen aus aller Welt friedlich zusammenleben. Und Heimat für Tiere bilden.

FAZIT

In unserem Garten soll es summen und brummen. Das gelingt mir mit einem guten Futterangebot. In unserem Garten wachsen sowohl heimische als auch gebietsfremde Arten. Ich möchte meinen Garten für das neue Klima rüsten, ohne dass ich fünf Mal am Tag mit der Gießkanne vorbeispazieren muss. Nach 14 Jahren kenne ich den Garten gut genug, um zu wissen, welcher Ort sich für welche Pflanze eignet. Es ist uns sogar gelungen, dass zu jeder Zeit im Jahr mind. eine Pflanze blüht. Ich bin überzeugt, dass ein guter Mix im Garten ein überzeugendes Resultat bringt: Für die Biodiversität, für den Unterhalt und für das Auge. Ein Garten ist kein Naturschutzgebiet. Da darf auch mal ein Exot stehen, der mir gefällt. Oder auch mehr als einer. Nicht jeder Neophyt ist gefährlich. Aber wenn wir in allen Gärten zusätzlich auch heimische Pflanzen fördern oder den Insekten eine große Auswahl an Pflanzen und Lebensraum bieten, machen wir einen Unterschied. Unsere Art zu gärtnern ist im Wandel. Ich will flexibel bleiben, mich gut informieren, nicht stur werden und etwas bewirken. Machst du mit? ○

P L A T Z FÜR VIELE

Durch Teilen wird die Freude verdoppelt – oder so ähnlich heißt der Spruch, der Kinder dazu bringen soll, doch mal den Nachbarsbuben mit ihrem Lieblingsteddy spielen zu lassen. Funktioniert meistens nur mäßig gut. Was hat das aber mit deinem Garten zu tun?

Meine Frau Sara und ich sind nicht allein. Niemals, denn der Garten lebt:

Die Meisen nisten jährlich im Nistkasten an der Hauswand, der Teich ist voller Molche, ein Igel wohnt seit mehreren Jahren in einer alten Weinkiste hinter großen Pflanzentöpfen, die Spatzen haben in unserer Stechpalme ihr Lieblingsplätzchen bezogen.

Die Liste könnte beliebig verlängert werden. Wiesel, Waldmaus, Reh, Fuchs und Dachs, bis hin zu Amsel, Drossel, Fink und Star – die ganze Vogelschar. Bei den Insekten und dem anderen Getier will ich gar nicht erst mit dem Aufzählen beginnen. Das Leben im Garten bringt uns Freude. Wir dürfen beobachten, wie die jungen Meisen und Spatzen flügge werden. Wir sehen die Taubenschwänzchen ruckartig von Blüte zu Blüte zischen. Wir schauen amüsiert zu, wie sich die Mauerbienen auf dem Terrassentisch paaren und schimpfen ab und an, wenn der Igel seine Hinterlassenschaft auf dem Fußweg liegen lässt. Ab und zu beobachten wir auch, wie sich der Sperber einen Spatz aus der Stechpalme pflückt. Ihre Dornen an den Blätterrändern geben anscheinend weniger Sicherheit als von den Spatzen erhofft.

Ich will mir gar nicht ausmalen, wie ein Garten ohne Tiere wäre. Auch wenn wir Gärtnerinnen und Gärtner in erster Linie einen Garten bepflanzen, um uns an seinen botanischen Bewohnern zu erfreuen, genießen wir ihn nicht allein. Das ist gut so. Denn alles gehört zusammen.

«Ein Mix an Pflanzen zieht ein *Sammelsurium* an Geschöpfen an.»

→ Die Vögel am Futterhäuschen zu beobachten ist für mich unterhaltsamer als fernzusehen.

WER BRAUCHT WEN?

Es ist ein Fakt, dass dein Garten kein Naturreservat ist. Unberührt? Das schon gar nicht. Du greifst immer wieder in den Kreislauf deines Gartens ein und das darfst du auch. Daraus besteht schließlich dein Hobby. Aber daneben sind unsere Gärten wichtige Ausgleichsflächen für viele Tiere geworden. Während Wälder und Ackerflächen erschreckend aus- und aufgeräumt sind, können unsere Gärten eine bunte Vielfalt aufnehmen – sofern du sie zulässt und aushältst. Mit einer kleinen Wiese, einem Teich, verschiedenen Büschen und Bäumen, einer Buntbrache und einem Steingarten haben wir verschiedene Lebensräume auf kleinstem Raum. Die Beete, mit all ihren Nektar und Pollen spendenden Pflanzen kommen noch hinzu. Den Gemüsegarten dürfen wir auch nicht vergessen. Auch dort leben Tiere. Und wenn es nur die gefürchteten Schnecken sind. Auch sie sind Teil des Ökosystems, haben ihre Berechtigung und ihren Platz in der Nahrungskette.

→ Was nach Unordnung aussieht, könnte eine Wohnung für Kleintiere sein.

→ Unser alljährlicher Winterbesuch: die Dohlen.

«Lass dich *überraschen*, was in deinem Garten passiert.»

Durch mehr Vielfalt wird der Garten logischerweise noch vielfältiger: Ein Mix an Pflanzen und Lebensräumen zieht ein Sammelsurium an faszinierenden Geschöpfen an.

Für diese Vielfalt können wir alle etwas tun:

- Viele verschiedene Pflanzen mit unterschiedlichen Blüten versorgen eine Menge unterschiedlicher Bestäuber.
- Stein- und Holzhaufen bieten Verstecke.
- Dornensträucher bieten Vögeln Schutz vor Katzen und – manchmal – Greifvögeln.
- Brutkästen und Wildbienenhotels gehören inzwischen zum Standard vieler Gärten und werden gerne angenommen.

Grundsätzlich kannst du dir merken:

- Ein bisschen Unordnung im Garten schafft Nahrung und Lebensräume für Tiere.
- Ein wenig Wildwuchs bewirkt viel.
- Und verschafft dir mehr Erholung, als wenn du alles picobello getrimmt haben musst.
- Die Natur sieht dazu meiner Auffassung nach auch dann am schönsten aus, wenn sie natürlich sein darf. Macht Sinn, oder?

Wenn Pflanzen beispielsweise selbst versamen dürfen, wandern die Farben durch den Garten. Wie ganz zu Beginn dieses Buches erwähnt, ergeben sich auf diese Weise manchmal erstaunliche Kombinationen, die wir niemals für möglich gehalten hätten. Wir haben in einer Ecke beispielsweise eine große Gruppe rosaroter Hasenglöckchen, die im Frühling blühen. Bereits der Großvater meiner Frau hat sie dort gesetzt. Als sie im Sommer eingezogen waren, habe ich eine *Othonna cheirifolia* genau dorthin gesetzt. Überlegt habe ich wirklich nichts. Die hat dann ihre knallgelben Blüten im nächsten Jahr ausgebildet. Die Blütezeiten beider Spezies überlappen sich ein wenig und siehe da: Pink und Gelb sind doch nicht so übel zusammen, wie ich es dachte. Lass dich überraschen, was in deinem Garten passiert – und genieße. —

MANCHMAL MEINEN WIR ES ZU GUT

Vielfalt ist das Stichwort: Manchmal meinen wir es mit der heimischen Tierwelt so gut, dass wir über das Ziel hinausschießen. Bei uns um die Ecke hat eine Hausgemeinschaft beschlossen, die Kirschlorbeerhecke (*Prunus laurocerasus*) zu roden. Stattdessen haben sie aus heimischem Liguster (*Ligustrum vulgare*) eine neue Hecke angelegt. Der «Inländervorrang» war gut gemeint. Aber die Grünfläche um das Mehrfamilienhaus besteht nur aus zwei Pflanzen: Liguster und Rasen. Die Grünfläche bietet kaum Mehrwert für die Tiere, ist aber immer noch besser als Beton. Wenn du etwas für die Artenvielfalt in deiner Heimat tun möchtest, ist die Abwechslung noch wichtiger als die Pflanzenwahl.

DER EINGRIFF IN DIE NATUR

Ein bisschen Unordnung will nicht heißen, dass ein solcher Garten ein hässliches Chaos ist. Behutsame Eingriffe deinerseits sind möglich, je nach Größe des Gartens sogar unumgänglich. Pionierarten wie der Klatschmohn brauchen aufgebrochene Erde. Wenn du Pflanzen wie wilder Wein oder Efeu freie Bahn gewährst, hättest du bald kaum noch Platz für anderes. Vielfalt entsteht durch Eingriffe. Aber eben, bedacht und behutsam müssen sie sein. Auf keinen Fall schädlich – damit kommt für mich ein Gifteinsatz im großen Stil nicht in Frage.

Habe ich in meinem Leben schon Schneckenkörner verwendet? Aber ja. Die schleimigen Viecher bringen mich ab und zu zur Verzweiflung. Kürzlich haben sie alle meine neu gepflanzten Chilipflanzen weggefuttert – auf nimmer wiedersehen. Hatte ich einfach zu wenig Geduld? Vielleicht. Ist das biologische Gleichgewicht nach all diesen Jahren noch nicht hergestellt? Möglich. Ich hatte mich allerdings für eine biologisch abbaubare Variante des Schneckenkorns entschieden und seither (das war vor 4 Jahren) keine mehr benutzt. Ich habe mich wieder für eine Nulltoleranz an Gift entschieden. Was nicht heißt, dass ich in Zukunft vielleicht nicht doch wieder einmal einknicken werde. Schließlich bin ich ein Mensch. Gärtnern ist ein Lernprozess, meine Meinung und Haltung zu Dingen kann und darf sich verändern.

TIERE SIND DIE LÖSUNG

Wenn wir Tiere durch unsere Gestaltung und das Futterangebot in den Garten einladen, stellt sich mit der Zeit ein Gleichgewicht ein. Wir haben auf unseren Rosen keine Probleme mit Blattläusen. Es ist nun nicht so, dass unsere Rosen lausfrei wären. Ganz im Gegenteil. Jeden Frühling zeigt sich nämlich das gleiche Schauspiel: Von einem Tag zum anderen sind die Knospen plötzlich voll damit. Die Läuse werden aber zuverlässig von den Singvögeln abgelesen und als proteinhaltiges Futter für die Aufzucht der Jungen verwendet. Meine Frau und ich konnten z. B. schon oft den Meisen dabei zu sehen, wie sie akrobatisch an den bedornten Zweigen herum turnten. Ein großartiges Beispiel dafür, dass die Tiere auch für uns von Nutzen sind.

Es ist keine Einbahnstraße in unseren Beeten. Wir geben der Natur Raum und im Gegenzug erhalten wir unsere persönliche Schädlingsvertilgungstruppe. Obwohl das Wort «Schädling» nicht zutrifft: Wäre ich eine Meise, würde ich die Läuse wohl eher als dringend notwendige Leckerbissen bezeichnen.

Zwar braucht es beim Auftreten der ersten Läuse für uns Menschen ein wenig Geduld, bis die Fressfeinde auf den Plan kommen. Das trifft nicht nur auf die Vögel, sondern auch auf die Marienkäfer oder Florfliegen zu. Es dauert also immer ein Weilchen, bis die Jäger aufgeholt haben. Aber dann geht's den Läusen an den Kragen. Wir brauchen neben der Geduld eben auch ein gesundes Vertrauen in den funktionierenden Kreislauf der Natur. Das funktioniert bei mir inzwischen schon recht gut.

→ Auch hier könnte ein hungriger Vogel einen Snack finden.

Außer bei den Schnecken. Aber das leidige Thema hatten wir schon. Damit müssen wir uns arrangieren. Sie gehören dazu.

SOLL ICH VÖGEL FÜTTERN?

Auch über diese Frage wurde schon viel gestritten. Mit ernstem Blick wird sicherlich einer der Teilnehmenden in die Runde werfen, dass die Vögel ihr Futter selbst suchen sollen, nein, sogar suchen müssen. Das darauffolgende Schlagwort wird dann die natürliche Selektion und ein gesunder Vogelbestand sein. Gerade im Winter sollen wir nicht die Schwachen und Kranken durchfüttern. Und sollte ich jemals die Ganzjahresfütterung in Betracht ziehen, würden die Jungvögel mit dem falschen Futter herangezogen werden. Anstelle proteinreicher Insekten würden die Altvögel ihnen aus Bequemlichkeit nur noch Sämereien vom Futterhäuschen in den Rachen stecken. Im schlimmsten Fall würden sie an den für sie ungeeigneten Sonnenblumenkernen und Erdnüssen ersticken.

In den Medien lesen wir wiederholend von Krankheiten, welche die Vögel an den Futterhäuschen niederraffen, weil diese zu unsauber gehalten wurden oder die Dichte der Besucher zu hoch sei. Somit würden sich Viren und Keime übertragen. Würde, wäre, sollte: Genug der Schauermärchen. Es gibt auch hier verschiedene Ansichten, die sich interessanterweise von Land zu Land, von Naturschutzbund zu Naturschutzbund, von Vogelfreund zu Vogelfreund unterscheiden. In Großbritannien wird seit Jahrzehnten zur Ganzjahresfütterung aufgerufen. Nicht nur aus Spaß an der Freud, sondern auch als Dienst an der Natur. In Deutschland und der Schweiz hingegen scheint seit jeher der Tenor zu sein, doch bitte höchstens im Winter zuzufüttern – und auch das sei nicht nötig. Und dass die Vogelfutterproduzenten uns gerne ihr Futter das ganze Jahr verkaufen möchten, versteht sich von selbst.

Mal vorweg: Ich füttere die Vögel das ganze Jahr über. Hier folgt meine Begründung: Es hat nicht genug Futter.

Wenn ich die Argumente gegen die Zufütterung höre oder lese, erscheinen sie mir immer stimmig. Die Vögel sind eigentlich selbständige Tiere und nicht auf Zufütterung angewiesen – resp. sie wären es nicht. Denn da ist das Problem: Wir haben seit langer Zeit bereits in die Natur eingegriffen.

- Mitteleuropa ist eine Kulturlandschaft,
- Wiesen, Felder und Wälder werden verschieden intensiv bewirtschaftet,
- Alpen werden bestoßen und unsere Gärten sind keine ungezähmte Natur,
- wir begünstigen seit Jahrtausenden durch unsere Land-, Forst- und Jagdwirtschaft Tierarten, während wir andere verdrängen oder ausrotten,
- durch die Industrialisierung wurde die Natur noch stärker umgestaltet und mit Schadstoffen belastet.

Der Druck auf Tier- und Pflanzenarten nimmt seit Jahrhunderten immer stärker zu. Auch wenn ich auf dem Land wohne und aus dem Fenster in eine schöne grüne Landschaft schaue, ist sie keine unberührte Natur. Auf unsere Vogelwelt hat die menschliche Bewirtschaftung eine großen Einfluss. Wenn gesagt wird, dass alle Vögel immer genügend Futter selbst finden sollen und können, so stimmt das leider so nicht mehr, denn wir haben sie bereits ihrer natürlichen Futterquellen beraubt. —

→ Die Beeren des Feuerdorns (*Pyracantha coccinea*) sind unter den ersten, die in unserem Garten von den Vögeln verspeist werden.

Von der Vogelwarte Radolfszell am Bodensee habe ich folgenden Selbstversuch gelesen: Man solle doch einfach beim Sonntagsspaziergang versuchen, die Tagesration an Futter für seinen Kanarienvogel zu sammeln. Finden wir wirklich genügend Sämereien rund ums Jahr? Lassen wir Beikräuter wachsen und die Samenstände stehen? Für wie viele Singvögel reicht das? Glaub mir, ich hab's versucht. Da kommt nicht viel zusammen.

FUTTERANGEBOT IM GARTEN

- Lass wenn möglich verblühte Stauden wie die verschiedenen Sonnenhüte oder Phlomis-Arten über den Winter stehen. Distelfinken und andere Samenfresser sind dir dankbar.
- Pflanze wann immer möglich, beerentragende Sträucher wie Weißdorn, Stechpalme oder Berberitze. Auch Hagebutten sind Vogelfutter.

- In einer Mulchschicht auf den Beeten oder einer Laubdecke unter den Büschen finden Insektenfresser wie der Zaunkönig oder die Amsel immer Leckereien.
- Ein offener Kompost, Ast- und Steinhaufen bieten zusätzlichen Lebensraum für potenzielle Futtertiere. Der Aufwand für dich ist klein, macht aber für die Vögel einen großen Unterschied.

WIE SIEHT'S BEI MIR AM VOGELFUTTERHAUS AUS?

Bei uns wird durchgefüttert. Nicht Unmengen, aber an den meisten Tagen im Jahr landet eine Handvoll Körner im Futterhäuschen. Wenn nun die Altvögel mit ihrer Brut beschäftigt sind, haben sie eine Riesenarbeit. Sie lesen Läuse ab, jagen Mücken und picken Insekten aus den moosbewachsenen Bäumen. Ein Blaumeisen-Paar stopft 6 bis 12 hungrige Schnäbel pro Brut – und zwar mehrheitlich mit Insekten.

Mit der Zufütterung greife ich allen gestressten Vogeleltern unter die Flügel. Sie müssen nicht noch zusätzlich viel Energie für die Suche nach ihrer eigenen Mahlzeit aufwenden. Somit sind sie effektiver als Insektenbekämpfer für mich unterwegs. Ein Spatzen-Paar sammelt während der Brutzeit hunderte von Raupen!

Vögel werden durch die Zufütterung nicht fett und faul. Mir ist aufgefallen, dass in Mastjahren der Buchenwälder bei uns in der Region, unsere Futterstation eindeutig weniger genutzt wird. In diesen Zeiten ziehen die Vögel zum Schmaus an Buchennüsschen tagsüber in die Wälder – das Futterhäuschen verwaist. Ich habe «meine» Vögel also nicht zum Dinner auf dem Silbertablett verzogen. Nach der Buchenmast sind sie wieder da.

Die Mär von den falsch gefütterten Jungen ist übrigens inzwischen widerlegt. Vögel können wohl zwischen den Futterarten unterscheiden und geben den Jungvögeln das benötigte Protein und erst wenn sie ausfliegen, füttern sie —

GARTENVÖGEL

Wenn du Vögel in deinem Garten unterstützen möchtest, solltest du auch bei ihrem Futter auf die Herkunft achten. Denn das, was auf den Teller kommt, hat nicht nur Einfluss auf die Vögel bei dir, sondern auch auf ihre *Lebensräume* – vor allem, wenn es um den Anbau geht.

Bedenke auch, dass Vogelfutter irgendwo angebaut werden muss. Meistens geschieht das eben genau im Rahmen der konventionellen Landwirtschaft, die – wie bereits erwähnt – kaum geeigneten Lebensraum für unsere gefährdeten Vogelarten bietet. Deshalb ist es sinnvoll, Vogelfutter aus biologischem Anbau zu kaufen oder beim Hersteller nach den genauen Anbaubedingungen zu fragen. Für die Besucher deiner Futterstelle ist es auch besser, da Vogelfutter aus konventionellen Anbau durchaus mit Pestiziden belastet sein kann. Biologisches Futter bietet auch den Vögeln im Anbaugebiet einen besseren Lebensraum.

Gefiederte Gäste in einem tierfreundlichen Garten

Die häufigsten Gartenvögel, die wir dank einem tierfreundlichen Garten durchs Jahr hindurch beobachten können:

- Amsel (*Turdus merula*), liebt es unter der Mulchschicht nach Würmern zu suchen
- Bachstelze (*Motacilla alba*), sucht unsere Wiese nach dem Schnitt nach Insekten ab
- Blaumeise (*Cyanistes caeruleus*), eine wahre Blattlausvertilgerin
- Buchfink (*Fringilla coelebs*), besucht unseren Garten nur im Winter als Pärchen
- Elster (*Pica pica*), Verbündete im

Kampf gegen Engerlinge

- Feldsperling (*Passer montanus*), Männlein und Weibchen sehen gleich aus
- Gartenrotschwanz (*Phoenicurus phoenicurus*), brütet jedes Jahr in der Obstwiese nebenan
- Girlitz (*Serinus serinus*), machen sich in Schwärmen über die Samen der Birke her
- Grünfink (*Chloris chloris*), sehen wir nur im Winter am Futterhäuschen
- Hausrotschwanz (*Phoenicurus ochruros*), brütet jährlich an den abenteuerlichsten Stellen am Haus
- Haussperling (*Passer domesticus*), lieben es als große Truppe in unserer Stechpalme zu sitzen
- Heckenbraunelle (*Prunella modularis*), ein häufiger, scheuer Vogel, den man selten zu Gesicht bekommt
- Kleiber (*Sitta europaea*), versteckt Nüsse in Rindenritzen für schlechtere Zeiten
- Kohlmeise (*Parus major*), ebenfalls ein Blattlausvertilger par excellence
- Rotkehlchen (*Erithacus rubecula*), nur Wintergast in unserem Garten
- Singdrossel (*Turdus philomelos*), mag die Früchte des Weißdorns zum Fressen gern
- Star (*Sturnus vulgaris*), wenn die Früchte des wilden Weins reif sind, stürzen er sich drauf
- Stieglitz (*Carduelis carduelis*), Disteln, Nachtkerzen und Sonnenblumen versorgen ihn mit leckeren Samen
- Tannenmeise (*Periparus ater*), nistet im Nachbargarten, besucht uns aber regelmäßig; ebenfalls eine Blattlausvertilgerin
- Türkentaube (*Streptopelia decaocto*), immer als Paar unterwegs
- Zaunkönig (*Troglodytes troglodytes*), stiehlt sich vor allem im Winter durch unsere Büsche und schmettert sein Lied

sie mit Körnern. Fehlt in deinem Garten das Insektenangebot, weil du Pestizide und Insektizide versprühst, kann es allerdings sein, dass die Vögel aus der Not etwas verfüttern, das den ganz Kleinen nicht bekommt. In dem Fall liegt das Grundproblem aber ganz klar wo anders.

Seit einigen Jahren nutzen immer mehr Vögel die Nisthilfen und das Futterangebot in unserem Garten. Seither haben wir kaum noch Mücken und müssen uns neuerdings auch keine Gedanken um die neu zugewanderten Tigermücken machen. Auf der gegenüberliegenden Straßenseite befindet sich eine Pferdekoppel. Oft wird berichtet, dass diese Tiere wahre Fliegenmagnete seien und man dies sofort in der Nachbarschaft bemerken würde. Nicht so bei uns. Auch die Fliegen werden uns von den Vögeln vom Leib und vom Essen auf dem Tisch abgehalten. Die meisten jedenfalls.

Unser Igel hat die Vogelfutterstelle ebenfalls entdeckt. Er genießt die heruntergefallenen Sonnenblumenkerne als Zwischensnack auf seiner abendlichen Jagd nach Schnecken, Engerlingen und Würmern. Es sei ihm gegönnt.

Auch die eine oder andere Waldmaus stibitzt Vogelfutter. So niedlich sie auch sind, dem Milan und dem Marder werden sie als Nahrung für sich und ihre Jungen dienen. Wie gesagt, alles hängt zusammen. Dein Garten ist ein Teil des Ökosystems. Lass uns das feiern.

WAS DU BEACHTEN SOLLTEST

Ebenso wichtig wie Futter ist eine Wasserstelle für Vögel, Insekten und andere Tiere. Ob es ein Teich, ein Untersetzer mit Wasser oder ein Vogelbad ist, spielt keine Rolle. Hauptsache es steht immer Wasser bereit. Bitte reinige Vogeltränken und Bäder von Zeit zu Zeit, damit das Wasser länger frisch bleibt und sich keine Mückenlarven ansiedeln.

Ein Gartenteich sollte wegen der Gefahr zu Ertrinken immer eine Ausstiegsmöglichkeit für die Tiere haben.

→ Wenn es summt und brummt, haben wir alle etwas davon.

Ist das über einen seichten Teil des Teiches möglich, kann er gleichzeitig von Vögeln als Wellnessbereich genutzt werden.

Egal welche Art von Wasserstelle du in deinem Garten zur Verfügung stellst, du wirst merken, dass Wasser Leben ist und Aktivität ums Haus bringt. Alle Lebewesen sind auf Flüssigkeit angewiesen. Unser Teich wird von allerhand Tieren besucht und Insekten genutzt. Eines Tages stand sogar plötzlich ein Graureiher darin. Der Teich ist ein bisschen wie ein Wasserloch in der Serengeti – zwar kleiner, aber genauso spannend. Dazu mehr im nächsten Kapitel.

FAZIT

Ich wünschte mir, die Natur um uns wäre ursprünglicher und intakter als sie ist. Wir alle können das Rad der Zeit aber nicht zurückdrehen. Das geht auch aus versorgungstechnischen Gründen nicht. Unser Popcorn und der Rahmspinat müssen ja auch irgendwo wachsen – zum Nachteil der Tierwelt und im Besonderen der Vögel. Wenn wir unsere Gärten auf die eine oder andere Weise tierfreundlich gestalten, so profitieren wir aber alle davon.

DAS ELEMENT WASSER

Es wurde bereits im letzten Kapitel angesprochen. Nichts verändert deinen Garten so sehr wie das Wasser. Egal ob du einen Teich anlegst oder einen Bottich mit Wasser füllst und auf deine Terrasse stellst. Die Veränderung wird gleich sicht- und spürbar sein. Die nächsten Zeilen sind ein kurzes Plädoyer für etwas Wasser im Garten.

Meine Frau und ich sind kinderlos geblieben. Plötzlich war der bereits im Garten vorhandene Sandkasten überflüssig. Sicherlich, ab und zu kam Besuch, der ihn gebrauchte. Aber eher selten. So kam es, wie es immer kommt, wenn wir in unserem Garten etwas Sinnloses haben. Eine Veränderung musste her. Wir mögen Wasser in all seinen Formen sehr, also wünschten wir uns an der Sandkastenstelle einen Teich.

Mein Schwiegervater erfüllte uns diesen Wunsch, kaufte sich Teichfolie und machte sich an die Arbeit. Es dauerte bloß Tage, da konnten bereits Wasserläufer beobachtet werden und Libellen schwirrten über die Wasseroberfläche. Und innert Wochen kamen die Molche, woher auch immer. Denn weit und breit befindet sich meines Wissen kein weiterer Teich. Und rundherum sind Straßen, Wiesen und Gärten. Für Molche wahre Riesenstrecken, voller Gefahren. Es ist für mich heute noch ein Wunder, wie die Fauna unseren kleinen Teich eroberte und mit welcher Geschwindigkeit dies vor sich ging. Bei der Flora nahmen wir uns eigentlich vor, Mutter Natur ebenfalls frei schalten und walten zu lassen.

Das ging jedoch in die Hose. In Gärtnereien und Gartencentern gibt es einfach zu viele verlockende Wasser- und Sumpfpflanzen. Wer könnte daran vorbeigehen? Ich auf keinen Fall. So fanden Sibirische Schwertlilie, Seerose und viele andere Pflanzen ihren Weg in unseren Garten, darunter auch Pflanzen, die besonders gut für Teiche geeignet sind.

Auch hier gilt wieder, dass es eine Wasserpflanze für jede Lage gibt. Es gibt keine zu großen oder kleinen, tiefen oder flachen Teiche oder Kübel. Wer sich für einen Teich oder Wassergarten interessiert, wird bei einem Besuch in einem Fachgeschäft auf zahlreiche wasserliebende Pflanzen aus aller Welt stoßen. Besonders beliebt sind z. B. die Schwanenblume, die mit ihren rosa Blüten das Ufer verschönert, oder die Schwertlilien, die das Wasser gut filtern. Auch Zyperngras, das eine prächtige Erscheinung bietet, sowie die verschiedenen Sorten von Froschlöffeln, die sich durch ihre hübschen Blätter auszeichnen, gehören zu den Favoriten vieler Gärtner. Besonders in einem kleinen Teich sind kompakter wachsende Pflanzen wie der Rundblättrige Froschlöffel oder der Igelschlauch sehr zu empfehlen. Wer den Teich eher exotisch gestalten möchte, wird mit einer Thalie oder einem Wasserbambus sein grünes Paradies bereichern können.

WAS TUN, WENN'S ZU VIEL WIRD?

Manchmal kommt es d aher vor, dass man sich beim Kauf zu viel vornimmt, und dann wächst die Pflanzenpracht schneller als erwartet. So war es bei uns auch mit dem Zyperngras. Es wuchs unglaublich schnell und nahm schnell sehr viel Platz im Teich ein. Dieses üppige Wachstum hatte seinen Reiz, da —

→ Mehr Pflanzen, mehr Tiere. Sie bieten Schutz und Nahrung.

↘ Ein gut bewachsener Teich erinnert mich immer an Fernsehdokus aus dem Amazonasgebiet oder dem Mekong-Delta. Halt einfach kleiner. Aber bei genauer Betrachtung auch voller Wunder und Leben.

→ Auch mit Sumpf- oder Wasserpflanzen bepflanzte Kübel ziehen Tiere magisch an. Außerdem sind sie ein wundervolles Gestaltungselement. Ich habe mehrere «Sumpfkübel» auf der Terrasse stehen. In einem gedeihen sogar winterharte Schlauchpflanzen (*Sarracenia* sp.). Diese fleischfressenden Pflanzen aus Nordamerika blühen weit über ihren Schläuchen, damit potentielle Bestäuber nicht gleich verspeist werden. Rechts im Bild sieht man die sich entwickelnden Blütenknospen.

«Es gibt keine zu grossen oder kleinen, tiefen oder flachen Teiche.»

es den Libellenlarven hervorragende Möglichkeiten zum Verpuppen bot. Doch auch die anderen Pflanzen wuchsen kräftig, und inzwischen müssen wir alle paar Jahre den Teich ausmisten. Wir geben Pflanzen an befreundete Teichbesitzer ab und kompostieren, was zu viel wird. So bleibt die Wasserfläche erhalten und der Teich verlandet nicht. Die natürliche Entwicklung zu einem Sumpfbeet hat natürlich ihren Charme, aber meistens entspricht das nicht den Vorstellungen eines klassischen Teichbesitzers.

INTERESSANTE WASSER- UND SUMPFPFLANZEN AUS ALLER WELT

- Kalmus (*Acorus calamus*), wuchsfreudig
- Rundblättliger Froschlöffel (*Alisma parviflora*), wächst kompakter als der normale Froschlöffel
- Froschlöffel (*Alisma plantago-aquatica*), Solitärpflanze
- Igelschlauch (*Baldellia ranunculoides*), eine sonnige Lage muss sein
- Schwanenblume (*Butomus umbellatus*), rosa blühende Uferpflanze
- Riesen-Sumpfdotterblume (*Caltha polypetala*), leuchtend goldgelb blühende Teichrandpflanze
- Zyperngras-Segge (*Carex pseudocyperus*), grazil überhängend
- Zyperngras (*Cyperus longus*), imposante Pflanze mit großem Ausbreitungsdrang
- Wasserbambus (*Dulichium arundinaceum*), bambusartige Uferpflanze, max. 50 cm
- Sumpfbinse (*Eleocharis palustris*), wüchsig
- Tannenwedel (*Hippuris vulgaris*), geht in jedem Teich oder Kübel
- Terrakotta-Schwertlilie (*Iris fulva*), rot-braune Blütenfarbe
- Wasserschwertlilie (*Iris pseudoacorus*), filtert das Wasser gut und hat schöne gelbe Blüten
- Zwergbinse (*Juncus ensifolius*), Vordergrundpflanze fürs Ufer
- Kleefarn (*Marsilea quadrifolia*), eine einheimische Rarität
- Fieberklee (*Menyanthes trifoliata*), Teich sollte nicht zu klein sein
- Goldkeule (*Oronthium aquaticum*), Solitärstaude
- Schilf (*Pfragmites australis*), wuchert gerne
- Hechtkraut (*Pontederia cordata*), attraktive, blaue Blüten
- Igelkolben (*Sparganium emersum*), spannende Blütenstände
- Pfeilkraut (*Sagittaria graminea*), heimische Solitärstaude
- Thalie (*Thalia dealbata*), tropisches Flair für den Teich
- Schmalblättriger Rohrkolben (*Typha angustifolia*), ein wüchsiger Sichtschutz
- Bachbunge (*Veronica beccabunga*), Dauerblüher

GARTENTEICH

Bevor Du zum *Spaten* greifst, solltest du dir gut überlegen, wo dein Gartenteich hinkommt und wie er aussehen soll. Denn ein falscher Standort oder die falsche Form kann nicht nur unnötige Arbeit verursachen, sondern auch deine Freude am Teich trüben.

Ich bin im Garten sehr für Probieren geht über Studieren. Aber ein Loch ausbuddeln, nur um dann festzustellen, dass es am falschen Ort ist, bringt nichts – außer doppelter Arbeit. Ein Teich soll Freude machen, nicht Frust verursachen. Irgendjemand muss das Loch schließlich auch wieder zuschütten, oder?

Bei der Planung gibt es drei Hauptaspekte, zu denen du dir Gedanken machen solltest:

- Standort des Gartenteichs
- Form und Größe deines Teichs
- ob du einen Gartenteich, Naturteich oder sogar Schwimmteich willst

Der Standort deines Teichs ist am besten nicht unter Bäumen. Das Falllaub im Herbst oder die Nadeln das ganze Jahr über fallen ins Wasser und beschleunigen die Verlandung. Das bedeutet mehr Arbeit für dich – wenn du den Teich erhalten willst. Unser ehemaliger Sandkasten liegt also eher ungünstig zwischen der Hängezeder (*Cedrus libani* var. *pendula*) und dem Gingko (*Gingko biloba*). Solltest du einen Sandkasten haben, den du zum Teich umfunktionieren möchtest, wirst du höchstwahrscheinlich auch mindestens einen Baum daneben finden. Warum? Ganz einfach: Wir wollen doch etwas Schatten für die Kinder, wenn sie im Sand buddeln. Falls du also einen Sandkasten umfunktionieren willst, rechne mit etwas Laub im Wasser.

Die Form deines Teiches ist Geschmackssache und hängt von der Größe ab. Mir gefällt zum Beispiel, wenn der Teich nicht zu perfekt rund ist. Das finde ich natürlicher. Wie erwähnt, bringt bereits ein Kübel mit Wasser und einigen Wasserpflanzen Leben in den Garten– aber Vorsicht vor Mückenlarven! Im Teich sind sie wegen ihrer Fressfeinde kein Problem, aber aber auf der Terrasse oder dem Balkon will wohl niemand eine Mückenzucht.

Apropos Natur: Du fragst dich vielleicht, was denn der Unterschied zwischen einem Naturteich und einem Gartenteich ist. Jeder Teich in einem Garten ist ein Gartenteich. Aber ein Naturteich hat ber zudem den ökologischen Wert mit im Blick. Mit ihm sorgst du dich auch um deine Mitbewohner im Garten. Ein großes No-Go im Naturteich wären zum Beispiel Goldfische, denn diese nicht-heimischen Tiere fressen viele Insekten und Amphibienlaich und schaden so der Artenvielfalt.

Soll es der Schwimmteich sein? Dann melde dich gleich bei einem Profi. Das Projekt ist höchstwahrscheinlich eine Nummer zu groß für dich. Glaub mir, ein Schwimmteich ist ein aufwendiges Projekt, das ohne Fachwissen schnell aus dem Ruder läuft.

Wie tief muss ein Teich sein?

Ein weiterer wichtiger Punkt bei der Planung ist die Tiefe. Ein guter Teich hat mindestens drei unterschiedlich tiefe Zonen, um verschiedenen Pflanzen und Tieren Lebensräume zu bieten.

- *Uferzone* (0–20 cm): Auch Sumpfzone genannt, sollte möglichst flach sein.
- *Flachwasserzone* (20–50 cm): Pflanzen in dieser Zone sorgen für biologische Stabilität, filtern das Wasser und verhindern Algenwachstum.
- *Tiefwasserzone* (mind. 80–100 cm): Sollten Fische überwintern, muss der Teich tief genug sein, damit er nicht komplett durchfriert.

Die Übergänge zwischen den einzelnen Zonen sollten möglichst sanft sein, damit sich Erde und Pflanzen ansiedeln können. Es reicht, wenn alle drei Zonen an verschiedenen Stellen des Teichs vorhanden sind.

EIN WASSERLOCH FÜR DIE BIODIVERSITÄT?

Unser Teich, im Vergleich zu anderen wirklich nur ein Tümpel, hat sich zu einem lebendigen Treffpunkt der Biodiversität entwickelt. Spatzen, Meisen und Amseln baden dort nicht nur, sie nutzen das Wasser auch, um ihren Durst zu stillen und sich zu erfrischen. Der Teich ist ein vitaler Ort für viele Tiere, besonders an heißen Tagen. Auch der Igel kommt abends zum Trinken und zum Planschen. Erfreulicherweise haben auch andere Insekten wie Schmetterlinge und Bienen den Teich als wertvolle Wasserquelle entdeckt. Wichtig ist, dass der Teich einen flachen Einstieg hat, damit die Tiere ungehindert wieder ans trockene Ufer gelangen können. Keiner möchte einen ertrunkenen Igel oder andere Tiere auf dem Gewissen haben. Der Ausstieg kann auf unterschiedliche Weise gestaltet werden – ob durch eine Kiesrampe, große Steine, die wie Stufen aneinanderliegen, oder Schwemmholz, das im Teich liegt. Diese natürlichen Elemente bieten den Tieren nicht nur eine

→ Wie die Molche ursprünglich in unseren Teich gelangt sind, bleibt ein Rätsel. Plötzlich waren die kleinen Wasserdrachen da.

→ Aus jedem Blickwinkel wirkt der Teich anders. Auch wenn man einmal drinsteht. Im Gegensatz zum Graureiher hole ich mir keine Molche, sondern weise mit Heckenschere und beherztem Reißen die *Iris pseudoacorus* in die Schranken.

einfache Möglichkeit, aus dem Wasser zu kommen, sondern tragen auch zur Gestaltung des Teiches bei. Der flache Einstieg sollte großzügig und an mehreren Stellen des Teiches verfügbar sein, um den Tieren die Wahl zu lassen und den Teich noch einladender zu machen.

FAZIT

Wasser bringt Leben in den Garten. Egal in welcher Form – sei es ein Teich, ein Vogelbad oder ein Becken. Es bereichert nicht nur die Flora und Fauna, sondern auch das Gärtnerherz. Ein solches Element im Garten fördert nicht nur das Wohlbefinden der Tiere, sondern gibt uns auch die Möglichkeit, den Garten als Rückzugsort zu genießen. Bitte verzichte nicht auf dieses wertvolle Element. Du wirst sowohl selbst Freude daran haben als auch deinem Garten neuen Schwung verleihen! ○

«Wasser muss her, egal wie.»

DIE NATUR STÖRT SICH AN IHRER NACKTHEIT

Die Natur ist prüde. Sie stört sich an ihrer Nacktheit und kennt kein Pardon. Nackter Boden wird laufend zugedeckt – entweder mit Laub, Unkraut oder sonstigem organischen Material. Mit der Zeit findet sie immer etwas. Das hat gute Gründe.

Du solltest es ihr gleichtun, denn sonst bist du mit Jäten dauerbeschäftigt. Sorgst du für eine gute Bodenbedeckung, machst du dir die Natur zum Freund und Helfer. Du berücksichtigst damit das Prinzip vom «Werden und Vergehen». Neben unserem Gemüsegarten steht eine Birke. Statt in mühsamer Kleinarbeit jedes Blatt wegzuräumen, das neben den Kohl fällt, lasse ich es einfach liegen. Die Ringelblumen, die sich zu stark ausbreiten, rupfe ich aus und lege sie daneben. Auch in deinem Garten sollten anfallende organische Materialien nämlich, wenn möglich, gleich vor Ort geschnippelt und wiederverwendet werden. Ohne viel zusätzliche Arbeit und Platzbedarf. Das hat für die Gärtnerin und den Gärtner schon einmal klar praktische Vorteile. Vielleicht fehlt dir ein geeigneter Ort für einen Komposthaufen oder die Grünabfalltonne ist schon wieder voll. Du sparst dir Arbeit und Zeit und den Gang zur Tonne. Du kannst zum Beispiel den Staudenrückschnitt gleich vor Ort zerkleinern und um den Kohl oder die Staude, die du eben geschnitten hast, legen. Du deckst den nackten Boden ab und schützt ihn vor Witterungseinflüssen – wie ein Anorak. Das kommt dem Kohl oder der Staude sofort zugute. Gerade in Hitzeperioden kann eine Mulchschicht die Verdunstung so weit reduzieren, dass du nicht mehr so oft gießen musst – oder gar nicht mehr. Weniger Gießkannen schleppen, das tönt doch verlockend, nicht wahr?

Wenn ich meine Lavendelpflanzen nach der Blüte zurückstutze, wird der Rückschnitt gleich um die Büsche selbst oder drumherum verteilt. So muss ich nicht noch alles zusammenwischen, in einen Kübel tun und ums Haus herum zum Komposthaufen gehen. Versteh mich bitte richtig. Auch ich finde es wichtig, dass wir Menschen uns in der heutigen Zeit genügend bewegen. Aber wenn es ums Mulchen geht, darfst du dich ruhig bequem zeigen. Das findet dein Garten gut. Ich staune immer wieder, wie sogar der verholzte Lavendelrückschnitt innerhalb von ein paar Monaten wie von Zauberhand verschwunden ist. Was im Garten kreucht und fleucht, hat sich am Rückschnitt erfreut. In organischen Materialen sind wertvolle Nährstoffe enthalten. Die lässt niemand einfach so rumliegen, sondern verwertet sie so schnell wie möglich wieder. Du kannst den Insekten, Pilzen und Mikroorganismen helfen, indem du den Rückschnitt zerkleinerst. Damit beschleunigst du den Verrottungsprozess. Doch dazu später mehr.

Damit es einfacher geht, werde ich in diesem Kapitel nur noch von «Mulch» und «mulchen» reden, wenn es um die Bodenbedeckung geht. Im eigentlichen Sinn versteht man unter Mulch eine zentimeterhohe Schicht, die flächendeckend aufgetragen wird. Meistens, um Unkraut zu unterdrücken. Ich benutze das Wort allerdings für alles organische Material, das gut für den Boden ist – ob flächendeckend draufgelegt oder nicht.

WAS BRINGT MULCHEN?

Ein gemulchtes Beet sieht für mich aufgeräumt aus – wobei, das ist Geschmacksache. Beim Mulchen geht es aber nicht in erster Linie ums Aufräumen oder um Faulheit, sondern darum, deinem Garten etwas Gutes zu tun. Wenn du nach einem Rückschnitt mulchst, schützt du deinen Boden vor den Elementen (Wind und Regen), du verhinderst, dass das Wasser verdunstet und die Feuchtigkeit bleibt länger in der Erde. Das bedeutet, die Nährstoffe, die sich bereits in der Erde —

→ Grasschnitt, Laub, Tee- und Kaffeesatz wandert bei uns größtenteils direkt auf die Beete. Ohne Umweg über den Komposthaufen. Ob das nun mulchen oder flächenkompostieren genannt wird, kannst du dir aussuchen. Die Würmer finden's so oder so toll.

befinden, werden nicht vom Regen ausgewaschen. Die Nährstoffe und die Feuchtigkeit bleiben im Boden und stehen den Pflanzen für ein gesundes Wachstum zur Verfügung. Das Unkraut (auch Beikräuter genannt) hat zudem mehr Mühe beim Keimen. Möchtest du deine Mohnblumen versamen lassen, so verzichte aufs Mulchen, bis die Sämlinge gekeimt sind. Du wirst ansonsten auch die gewollten Samenkörner unter dem Mulch begraben.

Und wenn die Mikroorganismen, Würmer und anderen Krabbeltierchen sich mit Mulchmaterial vollgefressen haben, müssen sie auch mal. In ihren Exkrementen sind Nährstoffe für die Pflanzen. Das wahrscheinlich berühmteste Beispiel sind die Wurmhäufchen. Diese sind von so guter Qualität, dass ich schon von Leuten gehört habe, die sie überall einsammeln und die Erde von ihren Topfpflanzen damit aufbessern. Regenwürmer zersetzen den Mulch sehr effektiv. Weil sie sich zum Fressen lieber im Boden verkriechen, ziehen sie Pflanzenteile und Rüstabfälle unter die Erde. Mit ihren Tunnels lockern und lüften sie den Boden zusätzlich. Gute Helfer sind auch die Erzfeinde eines jeden Gärtners: die Schnecken. Meine Schwiegermutter zählt sie beim Einsammeln. Da kommen auf einer Abendrunde gut und gerne 200 und mehr Stück zusammen. Sie sind wichtig für die Bodengesundheit, weil sie Pflanzenteile zerkleinern und ihre Exkremente den Pflanzen zur Verfügung stellen. Blöderweise machen sie aber keinen Unterschied zwischen dem keimenden Salat auf dem Beet oder welkem Gras auf dem Kompost.

MULCHEN ALS BEITRAG ZU MEHR BIODIVERSITÄT

Mulchen bringt Leben in deinen Garten. Die Mikroorganismen vermehren sich, die Würmer werden größer, die Insekten werden mehr und diverser. Das zieht wiederum Vögel an. Gerade in der kalten Jahreszeit beobachte ich häufig, wie Vögel im Garten wühlen und unter der warmen Mulchdecke fündig werden. Sie lassen dir aber genügend der kleinen Helfer übrig, sodass du die Vögel nicht verjagen musst, sondern dich an ihnen erfreuen kannst. Wir haben inzwischen eine stattliche Spatzenpopulation in unserem Garten, das zieht die Sperber wiederum an, die sich ab und zu einen krallen. In unserem Garten geht auch ein Igel, der Marder und der Dachs auf Wanderschaft. Zu unserem Unmut gräbt letzterer bei der Futtersuche manchmal Löcher in den Gemüsegarten. Aber er gehört halt auch dazu. Die Rehe nerven, wenn sie wiederholt alle Salatherzen und Rosenknospen futtern. Doch sie sorgen auch für einen tadellosen Rückschnitt diverser Sträucher – und schon kann ich ihnen nicht mehr böse sein. Den Kreislauf, den du mit Mulch in Bewegung setzt, wird nicht nur deine Pflanzen positiv beeinflussen, sondern alle Lebewesen in deinem Garten. Ich stelle mir mulchen immer als ein Füttern des Gartens (oder noch besser seiner Bodenbewohner) vor. Und genaugenommen ist das auch wahr, nicht? Mulchen als dein Beitrag zur Biodiversität – da schlagen wir gleich mehrere Fliegen mit einer Klappe. So schließt sich der Kreis. —

Mulchen bringt's:

- Schutz vor Hitze und Witterung
- weniger Arbeit
- weniger Unkraut
- ein ästhetisch ansprechendes Beet
- gesunde Mikroorganismen, die das Düngen und die Bodenbelüftung übernehmen

WAS DU BEACHTEN SOLLTEST

Grundsätzlich ist es einfach. Stell dir die Frage: Verrottet es? Ist die Antwort ja, ist es Mulch. Es gibt aber ein paar Dinge, die du beachten musst, wenn du deinen Garten nicht in eine kompoststinkende Wildnis verwandeln willst. Du wirst aber den Dreh mit dem Mulchen schnell raushaben und herausfinden, was und wie in deinem Garten am besten funktioniert. Lass dich nicht von deiner miesepetrigen Nachbarin irritieren, wenn sie dir erklärt, was alles deinem Garten schadet. Ich möchte dich ermutigen, fröhlich zu experimentieren, deinen Garten zu beobachten und entsprechend zu reagieren.

MULCHEN MIT KÜCHENABFÄLLEN

Theoretisch kannst du alles, was sich in deinem Kompostkübel sammelt, im Garten wiederverwenden, und zwar, bevor es auf dem Kompost landet. Deiner Mulchfantasie (besonders im Gemüsegarten) sind keine Grenzen gesetzt. Was organisch —

→ Entgegen allem Erwarteten habe ich mit zerkleinerten Koniferen und Kirschlorbeer im Beet gute Erfahrungen gemacht. Auch diese harten Gesellen müssen vor der Armee an Lebewesen im Boden kapitulieren.

→ Gemulchte Beete sehen für mich immer picobello aufgeräumt aus. Ein schöner Nebeneffekt, neben allem anderen.

«Wenn's *verrottet*, ist es Mulch.»

ist, wird früher oder später verrotten und deinen Boden verbessern, wie im vorgängigen Abschnitt beschrieben. Gurkenschalen im Rosenbeet? Deine Rosen und Würmer haben nichts dagegen. Aber wahrscheinlich dein ästhetisches Auge oder das deiner Nachbarn. Das entspricht nicht einem gut gepflegten Garten. Aber warum eigentlich? Es gibt viele Ecken im Ziergarten, wo Rüstabfälle gar nicht auffallen. Die Pflanzen werden es dir danken. Lass uns Mut zum Mulchen haben!

Wenn du einen Gemüsegarten besitzt, sind Rüstabfälle und Ähnliches als lose ausgetragene Schicht immer eine gute Wahl. Dort herumliegende Kartoffel- und Karottenschalen stören kaum ein Auge. Durch Sonne und Verdunstung schrumpeln sie schnell ein und sind schon bald nicht mehr zu erkennen. Deine kleinen Helfer im Garten – Insekten, Würmer und Mikroorganismen – werden die Nahrungsquelle schnell entdecken und zersetzen. Sie werden sich wie im Schlaraffenland fühlen und ihre Exkremente als Dank zurücklassen.

EXOTISCHE FRÜCHTE

Mit meiner Frau habe ich ein Jahr im tropischen Afrika gelebt. Wir haben nicht schlecht gestaunt, wie schnell in diesem Klima die Pflanzen verrotten. In Europa ist das anders. Trotzdem mulche ich auch mit Zitrus- und Bananenschalen (am liebsten aus biologischem Anbau). Das ist ein heiß diskutiertes Thema in vielen Gartenforen. Angeblich sollen sie schlecht verrotten. Ich kann dir einfach meine Erfahrung weitergeben: kleingeschnitten geht alles. Die Bananenschalen sind einige Tage noch auffallend gelb, verdorren dann aber und sind bald verschwunden. Zitrusschalen zaubern für eine kurze Weile zusätzlich einen frischen Duft in deine Beete. Das ist zwar für die Düngung nicht relevant. Aber es kann Schadinsekten abhalten. Gerade die Möhrenfliege findet die Karottenpflanzen durch ihren spezifischen Geruch und wir können unsere Beete mit solchen geruchlichen Ablenkungsmanövern schützen.

KAFFEE- UND TEESATZ

Kaffeesatz und lose Teeblätter sind Gärtnergold und Würmerfutter erster Güte. Ich verschwende kein bisschen davon. Vor allem um den Kaffeesatz geistern Gerüchte. Er mache den Boden zu sauer. Da kann ich Entwarnung geben. Über ein Jahr lang verstreute ich Unmengen an Kaffeesatz, von einem Café im Ort. Den Würmern hat's gefallen und das Gemüse gedieh prächtig. Meine Frau und ich machen immer wieder Witze darüber, dass unsere Wurmpopulation höchstwahrscheinlich schwer koffeinabhängig sei. Wissenschaftlich können wir unsere These allerdings nicht belegen. Was ich aber beobachte, ist, dass Regenwürmer Kaffee- und Teesatz mögen. Der verschwindet ruckzuck. Spannenderweise wurde ich im Dorfcafé von Mitarbeitenden gefragt, ob denn so eine große Menge Kaffeesatz nicht einen negativen Effekt im Garten haben könnte – wegen den Pestiziden, die bei Kaffeeanbau versprüht werden. Sie hatten anscheinend irgendwelche Gerüchte darüber gehört. Ich war für einen Moment ziemlich verdattert über diese Frage, antwortete aber, dass die ganzen eventuell vorhandenen Gifte höchstwahrscheinlich schon beim Brühen in den Kaffee übergegangen seien. Ein Kaffee, der ohne Bedenken von uns Menschen getrunken werde, habe meiner Meinung nach auch unbedenklichen Kaffeesatz. Trotzdem trinken meine Frau und ich nur Kaffee und Tee aus biologischem Anbau. Aber das hat mehr mit den Bauern in den Herkunftsländern zu tun, die wir vor der Pestizidexposition schützen möchten.

MULCHEN MIT GARTENABFÄLLEN

Schneidest du die welken Sonnenhüte zurück, zerkleinere sie gleich vor Ort und lege den Rückschnitt wieder auf den Boden. Diese Methode ist auch als «Chop and Drop» bekannt: —

→ Nackte Erde gibt es bei uns im Garten kaum mehr. Macht mir das Leben einfacher und die Natur glücklicher. Was will ich mehr?

Schneide und lass' es fallen. Von Verblühtem bis Verholztem ist alles möglich. Bedenke einfach, dass Holz viel länger zum Verrotten braucht als zum Beispiel Blätter. Zerkleinerte Äste unserer Feige lege ich zum Beispiel unter unsere Eibe. Du kannst sie auch unter eine Hecke legen. Da kann sich das Holz Zeit zum Verrotten lassen, bietet unterdessen allerhand Tieren ein Zuhause und stört niemanden.

Damit kannst du mulchen:

- Küchenabfälle
- Gartenabfälle
- Rasenschnitt
- Laub
- genutzte Einstreu von Nagetieren oder Hühnern
- alte Erde aus Töpfen
- Sägespäne
- Kompost
- Chinaschilf

WIE KOMME ICH ZU GENÜGEND MULCHMATERIAL?

Die Vorteile des Mulchens sprechen für sich. Du wirst bald merken, dass du selten genug oder gar zu viel Mulchmaterial hast. Wenn du aber mit offenen Augen und etwas Kreativität durchs Leben gehst, findest du den Mulch – meistens gratis und portofrei.

WERDE ZUM JÄGER UND SAMMLER!

Im Herbst sammle ich jedes bisschen Laub und decke damit die Beete ab. Ich hole sogar das Laub bei meinen Eltern ab. Wie bereits erwähnt, geben Restaurant oder Cafés gerne ihren Kaffeesatz ab. Nach dem Ausmisten der Meerschweinchen- oder Hasenställe, kannst du die Streu gleich im Garten entsorgen. Es bedeckt nicht nur den Boden, sondern düngt ihn gleich mit. Rasenschnitt ist ein Klassiker, ebenso wie Ziergras- oder Schilfschnitt. Und natürlich dein eigener Kompost. Sogar die alte Erde aus Töpfen lässt sich so nochmals gebrauchen (außer, wenn die Pflanze krank war). Du siehst, der Fantasie sind keine Grenzen gesetzt. Ich habe sogar gute Erfahrungen mit Eichen- und Walnusslaub gemacht. Zwei Dinge, von denen sonst abgeraten wird. Man hört und liest immer wieder, dass von diesen Pflanzen wachstumshemmende Stoffe in den Blättern eingelagert werden, welche als Laubschicht um den Baum Konkurrenz in Schach —

AB IN DIE TONNE!

Mulchen kann eine feine Sache sein, doch nicht alles, was aus dem Garten kommt, eignet sich dafür. Während manche Pflanzen den Boden anreichern und den Garten verschönern, können andere schnell zu *lästigen, unkontrollierbaren Gästen* werden. Mit den richtigen Materialien und ein paar einfachen Regeln vermeidest du ungewollte Ausbreitungen und pflegst deinen Garten mühelos.

Als Barfußgärtner vermeide ich es, mit dem Rosenrückschnitt zu mulchen. Auch der Rückschnitt des Wachholders hat ähnlich schmerzhafte Eigenschaften für nackte Füße und so gut er auch duften mag – er landet mit dem Rosenschnitt in der Grüntonne. Dazu gesellen sich wuchernde Pflanzen – wie zum Beispiel Efeu. Wenn du mit Efeu mulchst, machst du eigentlich nur eines: ihn vermehren. Er wird aus kleinen Teilen wieder anwachsen und deine Beete verwandeln sich in einen Efeuacker. Weitere Pflanzen, die sich freudig vermehren, sind verschiedene *Sedum* Arten, Mühlenbeckien und natürlich Beikräuter wie Löwenzahn oder Springklee.

«Schwierige» Pflanzen

Holzige, dornige oder unverwüstliche Pflanzen gehören in den Grüncontainer. Ein Häcksler macht sie ungefährlich, aber manche, wie Winden, treiben trotzdem aus. Apropos Häcksler: Praktisch, aber nicht nötig. Ich habe keinen – mir sind die Dinger unheimlich. Stattdessen zerkleinere ich von Hand oder lasse meinen Schwiegervater mit dem Rasenmäher drüber. Lavendelschnitt oder Kirschlorbeerlaub auf den Rasen, kreuz und quer drüber – fertig ist feiner Mulch. Er lockert den feuchten Rasenschnitt, alles zersetzt sich flott und füttert die Bodenlebewesen. Doch Vorsicht: Kirschlorbeer einfach aufs Beet werfen? Keine gute Idee! Die Blätter unterdrücken das Wachstum. Erst durchs Mähen verdampft die Blausäure – erkennbar am Bittermandelgeruch. Zerkleinern und Mischen ist das A und O. Auch Koniferenschnitt wird so bekömmlicher. Unser Blauzypressen- und Kirschlorbeermulch eignet sich dick für saure Böden (z. B. Rhododendren, Beerensträucher) oder dünn für alle anderen.

Holzige Pflanzen

Lange hieß es, holziger Mulch entziehe dem Boden Stickstoff, weshalb zuerst stickstoffhaltiger Dünger ausgebracht werden sollte. Doch neue wissenschaftliche Stimmen stellen das infrage. Was also tun? Den eigenen Garten beobachten! Falls das Wachstum deiner Pflanzen stagniert, kannst du eingreifen. Mir wäre das noch nie aufgefallen, aber vielleicht liegt das auch daran, dass ich keine zu dicken Mulchschichten auftrage. Sicher spielt die Dicke eine Rolle, ob sich der Effekt zeigt. Ich bin jedenfalls gespannt, was die Forschung dazu sagt.

Kranke Pflanzen

Kranke Pflanzen gehören in den Abfall. Sie sind zum Mulchen nicht geeignet, weil sie weitere Pflanzen anstecken könnten. Das gilt auch für die Erde von kranken Topfpflanzen. Das war schön bitter, als unser Quittenbaum – gepflanzt vom Urgroßvater meiner Frau – Feuerbrand bekam. Zwar gibt es die Möglichkeit, die Pflanzen zu behandeln, aber wir respektieren den Lauf der Natur und möchten die Umwelt nicht mit Pestiziden belasten. So haben wir denn auch unsere Buchsbäume entsorgt, die vom Buchsbaumzünsler befallen waren und diverse Obstbäume, die die Kräuselkrankheit hatten. Mit diesem Material wurde nichts gemulcht.

halten soll. Das mag in rauen Mengen schon so stimmen. Ich bin jedoch ein großer Verfechter der Annahme, dass, wenn das Mulchmaterial zerkleinert, gut vermischt und «peu à peu» ausgebracht wird, alles möglich ist. Ganz im Sinne von Paracelsus: «Die Menge macht das Gift.»

MULCHEN HAT MIT NACHHALTIGKEIT ZU TUN

Abfall wird zu einem wertvollen Rohstoff für die Bodengesundheit des Gartens. In unserer Nachbarschaft gibt es eine Sägerei, die gratis Sägespäne abgibt. Pflanzen, die sauren Boden mögen, finden die besonders toll. Ich hole gerne in der Kompostieranlage die Erde mit dem groben Pflanzenmaterial. Die ist gratis und für den Garten perfekt – denn so haben die Insekten und Würmer was zu tun. Einige ekeln sich vor dieser Erde, weil sie aus den Abfällen von fremden Leuten besteht. Die kann ich beruhigen. In einer industriellen Kompostieranlange wird der Kompost so heiß, dass die Erde danach mehr oder weniger steril ist. Da musst du dich sicher nicht mehr davor ekeln als vor der Wurmkacke.

In Gartencentern kannst du auch Mulchmaterial kaufen. Empfehlenswert ist gehäckseltes Chinaschilf. Es ist in der Schweiz aus einheimischer Produktion zu bekommen und hat einen guten CO_2-Footprint. Es ist so leicht, dass du einen Sack auch auf deinen Fahrradgepäckträger klemmen kannst. Schnecken sollen ihn nicht mögen, weil sich schlecht darüber kriechen lässt. Chinaschilfmulch kannst du bei Bedarf unterhacken und damit den Boden auflockern. Geht gut, wenn du ein Beet neu bepflanzen willst.

Rindenmulch hat eine super Optik und hält die Feuchtigkeit auch bestens im Boden. Auch diese Art Mulch wird häufig in Gartencentern oder beim Discounter angeboten. Rindenstücke verwendest du aber besser bei längerfristigen Pflanzungen und nicht im Gemüsegarten. Die Rindenstücke brauchen länger zum Verrotten.

→ *Bletilla striata*, die Japanorchidee, mag es, ab und zu in den Genuss einer Mulchschicht zu kommen. Nicht nur der Nährstoffe wegen. Vor allem in kalten Lagen kann ein wenig Laub als Winterschutz über Leben und Tod entscheiden. Auch dafür kann Mulchen gut sein.

FAZIT

Als ich mit Mulchen begonnen habe, wurde ich teilweise schräg angeschaut, als ich Leute um Kaffeesatz oder Laub bat. Meine Frau findet es peinlich, wenn ich alte Christbäume am Straßenrand klaue, die eigentlich für die Grünabfuhr bereitstehen, und sie kleinschneide. Meine Schwiegermutter hat noch gelernt, dass man im Herbst den Gemüsegarten umgräbt, mit Kuhmist düngt und ihn so winterfertig macht. Damit zerstört man jedoch die Ordnung in den verschiedenen Erdschichten. Gräbt man die Erde um, so müssen die, die in den oberen Erdschichten wohnen, wieder nach oben finden und die anderen nach unten. Eine solche «Unordnung» zu schaffen, macht nur auf einem Feld Sinn. Von den schweren Maschinen ist der Boden so verdichtet, dass ohne Pflügen eine Saat nicht möglich ist. Inzwischen genießt meine Schwiegermutter mit mir den Herbst und verzichtet aufs Umgraben. Stattdessen mulcht sie. Allerdings macht sie mir jetzt auch das Laub und die Pflanzenrückschnitte streitig. ○

VOM BEET IN DIE KÜCHE — EIN LECKERER NEBEN-EFFEKT

Während meiner Kindheit habe ich die Arbeitsteilung im Garten ganz klar erlebt. Meine Mutter war immer zuständig für die Zierpflanzen. Vor allem für alle möglichen Arten an Blumen, die gut als Schnittblumen oder sonstige Deko zu gebrauchen waren und so immer wieder den Weg ins Haus fanden.

Meine Freude an Sträußen kommt wahrscheinlich daher, dass sie vorlebte, wie die verschiedensten Vasen wunderbar mit dem gefüllt werden konnten, was der Garten hergab. Selbstverständlich holte meine Mutter sich auch Schnittblumen bei der Dorfgärtnerei. Und tut es immer noch. Aber besonders über die Sommermonate war immer eigenes «Schnittgut» auf dem Küchentisch zu bewundern. Das hat wahrscheinlich mit Stolz zu tun. Stolz, etwas Eigenes, auf dem eigenen Grund Gewachsenes präsentieren zu können. Wichtig waren ihr zusätzlich die akkurat und saisonal bepflanzten Blumenkistchen vor dem Küchenfenster. Schließlich waren sie die fröhliche Begrüßung, die jede Besucherin und jeder Besucher als Erstes sah. Schon bevor die Haustüre geöffnet wurde.

Mein Vater war für den Gemüsegarten zuständig. Das war seine Welt, die ihm als Bauernsohn vertraut ist. Ich fand seine Kniffe schon in meiner Kindheit faszinierend. Wie er zum Beispiel Buschbohnen setzte. Damit die einzelnen Samen im richtigen Abstand zueinander zu liegen kamen, benutzte er als Maß seine Faust. Mit gebogenem Daumen und kleinem Finger ergab sich genau die richtige Länge. Ein Trick, den ich bis heute selber anwende. Dass er auch bei mir funktioniert, ist wahrscheinlich der gleichen Größe unserer Hände geschuldet.

DER GARTEN UNSERER ERINNERUNG

Wieso ich dir das alles erzähle? Unsere Gartenerinnerungen gehen immer tief. Das trifft bei vielen besonders auf den Gemüsegarten zu. Du erinnerst dich vielleicht an die frisch geernteten Tomaten aus dem Garten deiner Eltern oder an

→ Neben verschiedenen Beeren hielten auch eine Feige (*Ficus carica*) und sogar Granatapfelbüsche (*Punica granatum*) Einzug in unseren Gemüsegarten. Je mehr Mehrjährige, desto besser. Und desto weniger Arbeit. Außer vielleicht der Rückschnitt. Gerade die Feige wächst wie verrückt. Da ist beherztes Rückschneiden notwendig, um den Gartenweg freizuhalten.

die Birnen vom Baum deines Onkels. Vielleicht hast du auch schon selber Gemüse gezogen. Dann weißt du, dass nichts aus dem Supermarkt dem Geschmack der eigenen Ernte gleichkommt.

Mit den Erinnerungen kommt aber sofort viel Druck. Wenn ich dasselbe Geschmackserlebniss wie aus meiner Kindheit, meiner Jugend oder dem großen Terrassenkübel meiner ersten Wohnung bekannt, erzielen möchte, muss ich Regeln befolgen. Sicher ganz viele strikte Regeln, denn sonst klappt es nicht. Und wenn ich es nicht tue, passiert etwas fürchterliches. Dann wird alles zugrunde gehen.

Ich bitte dich höflich: Atme ein – und wieder aus. Beruhige dich. Ja, es gibt Regeln zu befolgen. Die Anweisungen auf dem Samenpaket zum Beispiel. Das hilft sicher weiter. Du wirst Erde zum Bepflanzen brauchen, an irgendeinem Punkt auch Dünger, um die Pflanzen zu mehr Wachstum anzuregen. Ich könnte dir so manchen Tipp erzählen. Aber das Allerwichtigste möchte ich dir nun sagen: Du darfst auch im Gemüsegarten Fehler machen. Du hast als Hobbygärtnerin oder Hobbybeerenliebhaber nämlich einen großen Vorteil. Dein Lebensunterhalt hängt nicht von deiner Ernte ab. Wenn dir die Vögel in einem Jahr zuvorkommen und alle Johannisbeerensträucher leerfressen, geht die Welt —

↘ Pfeffer aus dem eigenen Garten? Mit dem Szechuan-Pfeffer (*Zanthoxylum piperitum*) wird's möglich. Meiner Erfahrung nach ist er wüchsig und absolut winterhart. Die scharfen Früchte (oder besser gesagt die roten Samenhülsen, die sind eigentlich das Gewürz) mit einer Orangennote werden in Hülle und Fülle gebildet.

→ Beerensträucher mögen eine gute Mulchschicht. Das liegt daran, dass viele von ihnen ursprünglich als Wald- oder Waldrandpflanzen wuchsen. Dort kommt von Natur aus mit dem Herbstlaub einiges an Mulch zusammen.

nicht unter. Wenn die Salatköpfe den Schnecken zum Opfer fallen oder du vergisst, die Erde im Topf auf dem Balkon auszuwechseln und das darin gepflanzte Basilikum nur vor sich hin kümmert. Du wirst keine Lebensmittelknappheit haben. Das ist unser Privileg als Schweizer Hobbygärtner und Schrebergartenbesitzerinnen. Uns geht es gut. Wir können uns Landwirtschaft als Zeitvertreib leisten.

GÄRTNERN IN DER MIDLIFE-KRISE

Also lass uns das feiern und genießen. Du darfst ruhig Wissen einholen über den Gemüseanbau. Oder wie die Obstbäume am besten gedeihen. Aber baue alles mit ungezwungener Freude an. Da ich selber 45 Jahre alt bin, ist mein Umfeld voller Menschen im mittleren Alter. Das ist ganz logisch. Spannenderweise entdecken viele meiner Freunde in dieser Lebensphase den Garten. Was an sich eine super Tendenz ist – gerade ich als Pflanzenfreund fühle mich plötzlich nicht mehr so allein mit meiner Passion. Gärtnern ist gesund und entschleunigt, darum ging es ja schon am Anfang dieses Buches. Aber statt sich an der Leichtigkeit des grünen Seins zu erfreuen, gibt es eine Gruppe meiner Jahrgänger, die auf eine Art grüne Midlife-Krise zusteuern. Anstelle eines neuen Motorrads oder einem schnellen Auto messen sie sich nun untereinander im Garten oder auf dem Rasen. Und mit Vorliebe im Gemüsebeet. Ernten sind vergleichbar und so sind Kürbisse es auch. Oder welches Gemüse dann zum Größenvergleich herhalten muss. Wobei ich mir an dieser Stelle einen infantilen Witz verkneife. Aus welchem Grund auch immer du einen Gemüsegarten haben möchtest, versuche diese Über-Kompetition zu vermeiden. Sonst verleidet es dir und deinem Umfeld schon wieder, bevor du den ersten Schnittsalat geerntet hast.

Aber nichtsdestotrotz kann ich ein Beet voll Essbarem nur empfehlen. Solange du die Freude an ihm behalten kannst. Gute Gründe, einen Gemüsegarten zu hegen und zu pflegen, gibt es nämlich viele.

- Wenn du wissen willst, woher deine Früchte und dein Gemüse kommt, gibt es nichts Besseres, als es selberanpflanzen. Du hast es in der Hand, wie bio deine Pflanzen sind. Und die Lieferkette ist unschlagbar kurz.
- Manchmal rentiert sich eine Pflanze wirklich. Wenn du Beerensträucher anpflanzt und sie sich gut eingelebt haben, werden sie Unmengen an Früchten produzieren. Dann kann es echt günstiger werden, als sie im Supermarkt zu kaufen. Wenn du zusätzlich noch einen Teil der Ernte einfrieren kannst, umso besser.
- Es ist praktisch, wenn du einfach mal schnell etwas von draußen für dein Essen holst. Das ist bei Kräutern am bekanntesten. Wer hat nicht schon einmal einen Topf Petersilie (das Kraut lässt sich in diesem Satz mit jedem anderen beliebig auswechseln) auf dem Fensterbrett gehabt und es mit Freuden benutzt? Frische Kräuter und frisches Obst sowie Gemüse sind immer gut. Eigene noch besser.

GEMÜSE

Nicht jedes Gemüse braucht viel Zeit und Pflege. Radieschen, Salate oder Zucchini wachsen schnell und unkompliziert – perfekt für Anfänger oder alle, die es gerne bequem haben. Mit wenig Aufwand kannst du *monatelang ernten* und neue Rezepte ausprobieren.

Radieschen

Radieschen sind schnell und können von März bis September ausgesät werden. Im Sommer sind sie bereits nach vier Wochen erntereif, im Frühjahr und Herbst dauert es etwas länger. Wer immer wieder nachsät, hat monatelang frische Radieschen. Sie brauchen einen humusreichen Boden und einen sonnigen bis halbschattigen Standort. Auch die Blätter sind essbar – als Salat, im Kräuterquark, als Pesto oder in einer Radieschenblättersuppe. Bei einer Radieschen-Schwemme einfach die Knollen in Scheiben schneiden, in ein Glas legen, mit Salz, Zucker und Essig würzen – und fertig sind die schnellsten Pickles der Welt! Sie halten sich im Kühlschrank mehrere Wochen.

Salate

Salate, die je nach Sorte etwa von März bis September gesät werden, sind im Anbau keine Hexerei. Von den Schnecken mal abgesehen. Die wissen halt auch, was gut ist. Achtung: Salat gehört zu den Lichtkeimern, also nur leicht mit Erde bedecken. Wenn du alle zwei Wochen nachsäst, kannst du über Monate hinweg ernten. Besonders ertragreich sind Schnittsalate, die du mehrfach ernten kannst. Ein Tipp sind «Asia-Greens», würzige Schnittsalate, die auch in gebratenem Reis verwendet werden können.

Mangold

Im Gegensatz zu Salat wird *Mangold* (und Krautstiel) von Schnecken eher gemieden und hat einen erdigen Geschmack. Die farbenfrohen Stiele in Weiß, Gelb, Orange oder Rot sind dabei eine wahre Zierde für jedes Beet. Die Ernte kann etwa acht bis zehn Wochen nach der Aussaat beginnen und reicht bei regelmäßiger Ernte bis in den Winter hinein. Mangold ist nicht nur optisch ein Highlight, sondern auch ein äußerst vielseitiges Gemüse, das sich für viele Gerichte eignet – ob gedünstet, gebraten oder sogar roh.

Zuckererbsen

Zuckererbsen gehören zu den ersten Gemüsesorten, die im Jahr geerntet werden können. Sie werden ab April gesät und brauchen ein Vlies oder ein paar Zweige, um die Vögel fernzuhalten. An den Wurzeln bilden sich Knöllchenbakterien, die Stickstoff aus der Luft binden und ihn nach der Ernte an den Boden zurückgeben. Dies fördert das Wachstum nachfolgender Pflanzen. Zuckererbsen sind unkompliziert und bieten früh im Jahr eine leckere Ernte, die man frisch genießen oder zu feinen Gerichten verarbeiten kann.

Zucchini

Rechtzeitig ernten! Das musst du unbedingt beim Anbau von *Zucchini* beachten. Wer den richtigen Zeitpunkt verpasst, bekommt es mit Monstern im Gemüsebeet zu tun. 50 Zentimeter und mehr sind problemlos drin. Große Zucchini sind weniger zart als kleine, lassen sich aber hervorragend süß-sauer einlegen. Zucchini sind sehr ertragreich – eine oder zwei Pflanzen reichen, um eine Familie den Sommer lang zu versorgen. Ende April ist der ideale Zeitpunkt für die Anzucht im Haus, Mitte Mai geht's dann raus ins Beet. Sollte der Ertrag zu groß sein, kannst du auch die Blüten ernten – sie sind ebenfalls essbar und eignen sich hervorragend zum Frittieren oder Füllen. So hast du nicht nur Zucchini, sondern auch ein leckeres Highlight auf dem Teller. Lecker.

WENN ALLES ZU VIEL WIRD

Ich pflanze nur in zwei Gemüsebeeten. Selbst das ist je nach Saison zu viel. Damit meine ich nicht zu viel Ernte – die könnte eingemacht oder mit Freunden, Familie und Nachbarn ausgetauscht werden. Nein, in manchen Jahren merke ich, dass je nach Arbeitsaufkommen auch zwei Gemüsebeete zu viel Aufwand bedeuten. Der Ziergarten war für mich schon immer so etwas wie Psychohygiene. Ein Ort zum Verweilen und Erschaffen. Wo ich Energie tanke, auch wenn Arbeit ansteht. Interessanterweise kann ich die Gemüsebeete in manchen Jahren eher als fordernd erleben. Säen, setzen, jäten, ernten – es muss zu seiner Zeit gemacht werden. Verstehe mich bitte nicht falsch. Meistens finde ich auch das alles wunderbar und mache es mit Vergnügen. Aber wenn zum Beispiel berufliche Belastungen genau in die Erntezeit fallen, kann das schon meine Freude trüben. Oder alle Salatköpfe und fünf Zucchini wären während einer Ferienabwesenheit bereit. Mir hat es sehr geholfen, einen Teil der

→ Neben den Johannisbeeren (*Ribes rubrum*) wächst am Zaun der (für uns Menschen ungenießbare) Wilde Wein (*Parthenocissus quinquefolia*). Obwohl er bei den Amseln und Staren sehr beliebt ist, funktioniert das Ablenkungsmanöver nicht jedes Jahr. Dann ist auch ein Teil der Johannisbeeren weg. Hier heißt es wieder einmal mehr beobachten und schnell genug sein. Und ansonsten sich über den Beitrag an unserer Versorgung der Tierwelt freuen.

PFLANZEN FÜR DEN BEERENGARTEN

- Himbeeren → lieben es, mithilfe ihrer Wurzelausläufer durch den Garten zu wandern. Dazu musst du bereit sein. Entweder bist du flexibel und reißt alles aus, was dir im Weg ist. Oder du lässt es lieber bleiben. Ist nervenschonender.
- Heidelbeeren → lieben saure Erde.
- Brombeeren → sind sehr wüchsig.
- Johannisbeersorten → schwarz, rot, weiß. Ich kann nur Gutes berichten. Wenn du jeden Herbst die ehemaligen Früchte tragenden Triebe entfernst, sind sie ein Selbstläufer. D. h., ernten musst du schon noch selber.
- Stachelbeeren → waren über Jahre hinweg unkomplizierte Favoriten von mir. Mit den vermehrt heißeren Temperaturen kommen sie aber schlecht zurecht.
- Cranberries und Preiselbeeren → lieben saure Erde.
- Erdbeeren → am besten die kleinen waldbeerähnlichen Sorten. Sie schmecken einfach aromatischer.

Gemüsebeete in einen Beerengarten zu verwandeln. Ein paar Beerensträucher brauchen nicht viel Pflege und werfen schnell viel Ernte ab. Sie bleiben dir Jahre erhalten und müssen nicht ständig neu gepflanzt werden. Das bezeichne ich als nachhaltige Ernte.

Die Liste an verfügbaren Beeren ist lang und lecker! Du ahnst es schon. Wenn du nur einen Beerenstrauch pflanzen kannst, empfehle ich dir eine Johannisbeere. Platz für Erdbeeren sollte sich eigentlich immer finden lassen. Stachelbeeren sollten wir noch genießen, solange es geht. Und bei genügend Platz am liebsten alle Beeren pflanzen. Es lohnt sich einfach.

FAZIT

Es gibt für jede Situation und jeden Garten das richtige Gemüse. Habe keine Angst und stürze dich ins Geschmackerlebnis. Nichts ist leckerer als die eigene Ernte. Beeren sind eine gute Alternative, wenn du nicht genügend Zeit hast, dich um Gemüse zu kümmern. Aber auch sonst sollten sie unbedingt gepflanzt werden. Zur Erntezeit durch den Garten zu streifen und hier und da ein paar Beeren gleich an Ort verkosten, ist für mich wahre Lebensqualität. Vielleicht hast du ja sogar Platz für Obst? Die Möglichkeiten zu deiner Ernte zu kommen, sind vielfältig. ○

SCHLUSSWORT

Wir sind am Schluss. Was bleibt? Hoffentlich fühlst du dich schon so richtig frei und *inspiriert*, um zu gärtnern, wie's dir passt. Fühlt sich gut an, oder?

Eine Arbeitskollegin erzählte mir, ihr Sohn habe im Frühsommer in der Vorratskammer vier verschrumpelte, bereits gekeimte Kartoffeln entdeckt. Anstatt sie zu entsorgen, hatte er andere Pläne. Die Kartoffeln sollten einen Platz an der sandigen, trockenen Hauswand bekommen – ein Ort, an dem bisher nichts wuchs. Meine Kollegin belächelte das Vorhaben, aber ließ es geschehen: «Vergiss nicht zu gießen. Der Regen kommt dort nur bei starken Stürmen hin.» Doch ihr Sohn vergaß es regelmäßig. Aber die Kartoffeln gaben nicht auf. Aus den blassen Keimen wurden starke Wurzeln und Laub, das sich bald der Sonne entgegenreckte. Zum Erstaunen der Mutter gediehen kräftige Pflanzen, die allen Widrigkeiten trotzten. Der Sohn war stolz auf seine Rettungsaktion – und vergaß die Kartoffelpflanzen weiterhin. Doch die Wurzeln fanden genügend Feuchtigkeit, die Blätter genossen die Sonne ohne Konkurrenz. Dazu meinte er bloß: «Siehst du, Mama, du brauchst nur der Natur ihren Lauf zu lassen.» Im Herbst zog das Kartoffelkraut ein und vertrocknete. Er hat 2,5 kg Kartoffeln geerntet.

Die Moral dieser Geschichte ist nicht, dass wir überhaupt nichts mehr im Garten machen sollen. Das kann nämlich mächtig ins Auge gehen (ich denke da einmal mehr an meinen Efeu) und wäre mir sowieso zu langweilig. Wenn ich ein Hobby möchte, bei dem ich nichts tun muss, hätte ich Schlafen gewählt. Es geht auch nicht immer alles so glimpflich aus wie in dieser Geschichte. Ist schon klar. Die Kartoffeln hätten zum Beispiel einfach nicht wachsen können. Ich behaupte mal frech, dass das dem Jungen aber egal gewesen wäre. Was hatte er schon zu verlieren? Er hat aber einen Versuch gewagt. In diesem Fall hat er gewonnen. Obendrauf noch ohne Einsatz. Nicht schlecht. Die Moral ist für mich vielmehr seine Einstellung, dass die Natur schon weiß, was sie tut. Ich will so gelassen sein wie er. Ich will immer wieder etwas wagen im Garten, egal wie's rauskommt. Und das wünsche ich dir auch. Sollten die Kartoffeln mal nicht wachsen: Es geht immer weiter. Dein Garten kann auch ohne dich. Dann sieht er vielleicht nicht so aus, wie du es möchtest, aber ihm ist das egal. Freu dich an allem, was funktioniert, an allem, was wächst und gedeiht. Ob du es nun gehätschelt und gepflegt hast – oder eben auch nicht. Das tut nichts zur Sache. Schön bleibt schön. Ernte bleibt Ernte. Und wenn dir was in deinem Garten nicht passt, kannst du immer noch etwas dagegen unternehmen. Oder auch nicht. Fühl dich frei.

Wenn es dich nach diesen Seiten in den Fingern juckt, sei gewarnt. Der Gartenvirus ist starker Tobak. Wundere dich nicht, wenn es dir den Ärmel so richtig reinnimmt. Gehe mutig und fröhlich drauflos und freue dich an deiner Arbeit mit und inmitten der Natur. Wenn du willst, suche dir Gleichgesinnte. Im Quartier, Schrebergarten, Gartenverein oder auf Social Media. Wo auch immer. Lass uns gemeinsam staunen, buddeln, fachsimpeln und die Welt verändern. Oder einfach Kartoffeln ernten. Es gibt viel zu entdecken.

An die Hacke, fertig, los!

Herzlichen Dank an meinen Lektor Martin und das Haupt Verlag-Team für ihre wertvolle Unterstützung. Danke Mona für ein Vorwort, das mir aus der Gärtnerseele spricht. Und ganz besonders danke ich meiner Frau Sara für Fotos, ohne die das Buch in meinen Augen unvorstellbar wäre.

1. Auflage: 2025
ISBN 978-3-258-08393-3

Umschlag, Gestaltung und Satz: *Mona Osterkamp* und *Jeannine Moser*
Fotos: *Sara Rhyner*
Umschlag: Vorderseite: *IStock/fotolinchen*; Rückseite: *Christoph Rhyner*;
Klappe vorne: *Sara Rhyner*

Wir drucken mit mineralölfreien Farben und verwenden FSC®-zertifiziertes Papier. FSC® sichert die Nutzung der Wälder gemäß sozialen, ökonomischen und ökologischen Kriterien. Gedruckt in *Slowenien*

MIX
Papier | Fördert gute Waldnutzung
FSC® C106600

Diese Publikation ist in der Deutschen Nationalbibliografie verzeichnet. Mehr Informationen dazu finden Sie unter http://dnb.dnb.de.

Der Haupt Verlag wird vom Bundesamt für Kultur für die Jahre 2021–2025 unterstützt.

Sie möchten nichts mehr verpassen?
Folgen Sie uns auf unseren Social-Media-Kanälen und bleiben Sie via Newsletter auf dem neuesten Stand: www.haupt.ch/informiert

Wir verlegen mit Freude und großem Engagement unsere Bücher. Daher freuen wir uns immer über Anregungen zum Programm und schätzen Hinweise auf Fehler im Buch, sollten uns welche unterlaufen sein.

Haupt Verlag AG
Falkenplatz 14
3012 Bern
SCHWEIZ
herstellung@haupt.ch
www.haupt.ch

Verantwortlich in der EU (GPSR):
Brockhaus Kommissionsgeschäft GmbH
Kreidlerstr. 9
70806 Kornwestheim
DEUTSCHLAND
haupt@brocom.de